农业综合开发科技推广
创新与实践

——南通农业综合开发科技推广13年（2004—2016）

刘　建　魏亚凤　杨美英　著

U0227264

科学技术文献出版社
SCIENTIFIC AND TECHNICAL DOCUMENTATION PRESS
·北京·

图书在版编目（CIP）数据

农业综合开发科技推广创新与实践：南通农业综合开发科技推广13年：2004—2016 / 刘建，魏亚凤，杨美英著. —北京：科学技术文献出版社，2017.10

ISBN 978-7-5189-3413-3

Ⅰ. ①农… Ⅱ. ①刘… ②魏… ③杨… Ⅲ. ①农业科技推广—概况—南通—2004-2016 Ⅳ. ① F327.533

中国版本图书馆 CIP 数据核字（2017）第 243546 号

农业综合开发科技推广创新与实践

策划编辑：宋红梅　　责任编辑：宋红梅　　责任校对：张吲哚　　责任出版：张志平

出　版　者	科学技术文献出版社	
地　　　址	北京市复兴路15号　　邮编100038	
编　务　部	（010）58882938，58882087（传真）	
发　行　部	（010）58882868，58882874（传真）	
邮　购　部	（010）58882873	
官 方 网 址	www.stdp.com.cn	
发　行　者	科学技术文献出版社发行　全国各地新华书店经销	
印　刷　者	虎彩印艺股份有限公司	
版　　　次	2017 年 10 月第 1 版　2017 年 10 月第 1 次印刷	
开　　　本	880×1230　1/32	
字　　　数	138千	
印　　　张	5.75　彩插8面	
书　　　号	ISBN 978-7-5189-3413-3	
定　　　价	38.00元	

前　言

国家农业综合开发工程始于 1988 年，它是国家支持和保护农业发展、改善农业资源利用状况、优化农业结构、提高农业综合生产能力、实现农业可持续发展的重要综合战略措施。国家农业开发政策规定，2004 年起只在土地治理和产业化经营两类项目中安排一定比例的科技推广费（取消之前单独设立专项科技示范项目），通过加大科技投入，提高项目的科技含量，提高农业综合开发整体素质和效益。本书论述的"农业综合开发科技推广"特指土地治理类项目随任务下达到县（市区），由县（市区）自主安排的科技措施，这类项目涉及面广、资金投入大、工作要求高。

众所周知，科学技术是第一生产力。科技推广作为农业综合开发土地治理项目的一项重要措施，是指通过示范、培训、指导及咨询服务等，把优良品种和先进适用技术普及应用于项目区农业生产的过程。加强土地治理项目科技推广工作，是将农业、林业、水利等措施形成的生产能力转化为产品的重要途径，对于发挥农业综合开发工程效能、促进农业增效和农民增收具有重要意义。

务实、规范、高效地推进农业综合开发土地治理项目科技推广工作，是一个不断探索、创新和逐步完善的过程。本书详细地记述了江苏沿江地区农科所在 2004—2016 年这十三年，承担的农业综合开发科技推广过程中的探索、创新与实践过程。涵盖南通市所辖如皋、海安、如东、海门、通州和启东六县（市区）国家农业综合开发，如皋、海安两县（市）省级高沙土开发随土地治理项目任务下达到县（市区）的科技措施，也包含海门市高标准农田建设科技措施。全书共七章，第一章是科技推广工作创新的背景，概述了农业综合开发与科技推广、探索科技效能发挥的实践、科技推广工作创新的意义；第二章是科技推广创新目标与路径，简要分析了科技推广工作创新的目标要求、创新科技推广工作的路径设计；第三章是科技推广运行机制的创新，在概述我们在国内首创的"科技推广委托制"内涵及其形成过程的基础上，重点论述了"科技推广委托制"工作模式下以"推广任务合同制""首席专家负责制""实施过程监管制"和"工作绩效考评制"为核心内容的运行机制，介绍了其被国家文件所采纳、社会所公认等成效；第四章是科技推广工作方法的创新，简要分析了科技推广面临的主要障碍，重点论述了所建立起的农业综合开发科技推广"四有、三结合、两控制"工作方法体系，包括"四有"要求的科技示范户培植方法、"三结合"要求的科技推广运行方法、"两控制"要求的管理方法；第五章是科技推广保障体系的创新，论述了产业需求整体化设计目标体系、产学研推一体化推进支撑体系、行政推动产业化联动协同体系；第六章是南通科技推广项目的实施，梳理并总结了2004—2016年这十三年，实施的490个技术推广委托服务和科技推广项目；第七章是南通科技推广取得的成效，从完成科技推广任务、加强基层农技队伍建设、支撑产业发展、取得科技成果等方面进行论述。每章均配有本章提要，书中配有15个实践案例（每个案例附图4幅），与科技推广创新与实践过程相衔接配有彩色图版8个（60幅彩图），以增强其阅读的直观性。

我们在农业综合开发科技推广实践中，相当多工作具有一定的探索性，基本上是无先例可鉴，本书也只是以南通市为特定区域对象，对2004—2016年我们承担的农业综合开发科技推广工作及其相关创新成果进行的总结和论述，全面性和系统性有限，加之时间仓促，著者水平有限，尽管在撰写过程中倾注了满腔热情，但书中不妥甚至错误之处在所难免，敬请广大读者批评指正。

江苏沿江地区农业科学研究所、
南通市农业科学研究院
刘 建
2017 年 8 月

目　录

第一章　科技推广工作创新的背景

【本章提要】农业发展的历史，就是一部农业开发史。新中国的农业开发，在主要对一些宜农荒地进行开垦（20世纪50—60年代）、进行较大规模的农田基本建设（20世纪70年代）之后，始于1988年全面展开的农业综合开发作为一项相对独立的事业，在广袤的农村大地上依次推进，展示了一幅波澜壮阔的历史画卷，开启了农业开发的全新篇章。农业综合开发有着特定的、明确的行为目标，它是对影响农业生产和可持续发展的各种障碍性因素进行有计划、有步骤地改造，以增强农业综合生产能力。

科技是农业综合开发的一项重要措施，长期得到广泛的重视。农业综合开发土地治理类项目随项目下达到县（市区），科技措施（即本书所指的农业综合开发科技推广工作）涉及面广、影响面大。特别是从2004年起国家不再单独设立专项科技示范项目后，有效地做好农业综合开发科技推广工作，显得更为重要。为有效地破解科技推广工作面临的诸多难题，规范管理，提高效率，我们于2004年起，对农业综合开发科技推广的工作模式与运作机制、工作方法和保障体系等方面，进行了创新与实践。

第一节　农业综合开发与科技推广

农业综合开发，是指经国家或者省、市、县（市区）等农业综合开发主管部门批准立项，并利用农业综合开发财政资金和其他资金，对农业资源进行综合开发利用的活动。它是在一定的时间内，在确定的区域内，对影响农业生产的各种障碍性因素进行有计划、有步骤地改造，以增强农业综合生产能力。通过国家立项并有组织、大规模开展的农业综合开发，始于1988年，它是国家支持和保护农业发展、改善农业资源利用状况、优化农业结构、提高农业综合生产能力、实现农业可持续发展的重要综合战略措施，它在我国农业和农村经济发展中的地位和作用越来越突出。

以支持和保护农业、促进农业可持续发展为战略目标，国家农业综合开发的任务和重点在不同的阶段有着不同的要求，体现了与时俱进的时代特征，财政部针对不同时期的要求，相继颁布了多部管理办法，用于规范和指导农业综合开发资金和项目管理。

1999年6月，财政部颁布了《国家农业综合开发项目和资金管理暂行办法》，在该办法中，明确了农业综合开发以改造中低产田，改善农业基本生产条件为重点，不断提高农业综合生产能力。同时，依靠科技进步，优化品种结构，提高农产品质量，大力发展高产、优质、高效农业，促进农业实现产业化经营，切实增加农民收入。并有选择地建设现代化农业示范区和科技示范区，推动我国农业现代化进程。将农业综合开发项目分为三类：一类为土地治理项目，包括中低产田改造、宜农荒地开垦、生态工程建设、草场改良等；一类为多种经营项目，包括种植业（粮棉油等主要农产品生产以外的）、养殖业、农副产品初加工等；一类为农业高新科技示范项目，包括生物、信息、材料等方面的高技术和先进适用的新技术。

2005年8月，财政部颁布的《国家农业综合开发资金和项目管理办法》（中华人民共和国财政部令第29号，2005年10月1日起施行）中明确：农业综合开发的任务是加强农业基础设施和生态建设，提高农业综合生产能力，保证国家粮食安全；推进农业和农村经济结构的战略性调整，推进农业产业化经营，提高农业综合效益，促进农民增收。在该管理办法中，把农业综合开发项目归并成土地治理项目和产业化经营项目。土地治理项目，包括稳产高产基本农田建设、粮棉油等大宗优势农产品基地建设、良种繁育、土地复垦等中低产田改造项目，草场改良、小流域治理、土地沙化治理、生态林建设等生态综合治理项目，中型灌区节水配套改造项目。产业化经营项目，包括经济林及设施农业种植、畜牧水产养殖等种植养殖基地项目，农产品加工项目，储藏保鲜、产地批发市场等流通设施项目。2010 年 9 月，财政部对《国家农业综合开发资金和项目管理办法》进行了修改（中华人民共和国财政部令第 60 号），将"高标准农田示范工程"纳进了土地治理项目。

党的十八大以来，我国经济发展进入新常态，农业综合开发工作的内外部环境发生了重大变化，各项改革不断深化，对农业综合开发工作提出了更高的要求。为主动适应农业农村发展新阶段面临的新形势、新变化，财政部对《国家农业综合开发资金和项目管理办法》（财政部令第 29 号、第 60 号）进行了修订，修订后的《国家农业综合开发资金和项目管理办法》（中华人民共和国财政部令第 84 号，2017 年 1 月 1 日起施行）进一步明确了新时期农业综合开发工作的主要任务，增加了转变农业发展方式，推进农村一、二、三产业融合发展，促进农业可持续发展和农业现代化的要求。在此基础上，进一步明确了农业综合开发土地治理和产业化发展两类项目的含义。土地治理项目包括高标准农田建设，生态综合治理，中型灌区节水配套改造等。产业化发展项目包括经济林及设施农业种植基地、养殖基地建设，农产品加工，农产品流通设施建设，农业社会化服务体系建设等。

历史的教训和实践经验告诉我们，我国农业的落后，主要由于科学技术的落后，国家间的农业竞争，也主要是科技竞争，农业的根本出路，在于依靠科技进步。

　　科技推广是农业综合开发的一项重要措施。加强土地治理项目科技推广工作，是将农业、林业、水利等措施形成的生产能力转化为产品的重要途径。改善农田基本生产条件，解决粮食等优质农产品由低产到中产，由中产到高产，推进高标准农田建设、生态综合治理等，关键要靠优良品种、先进技术等推广，以及广大农民科技素质和种田技能的提高。财政部相继出台的多部《国家农业综合开发资金和项目管理办法》中，极其重视科技推广工作。例如，1999年6月颁布的《暂行办法》中，明确提出"依靠科技进步""要重视先进科学技术的示范、推广和应用"等要求，同时将"农业高新科技示范项目"作为农业综合开发项目三类中的其中一类；2005年8月颁布的《管理办法》中，将"依靠科技，注重效益"作为农业综合开发项目管理应遵循的原则之一；2017年1月1日起施行的新《管理办法》，强调了"优良品种、先进技术推广"应是农业综合开发财政资金用于建设的内容之一。

第二节　探索科技效能发挥的实践

一、国家农业综合开发科技推广工作的探索

　　农业综合开发项目的特征之一是其"综合性"，包括了农业、林业、水利、科技等多项措施的综合。与农业综合开发项目不断地探索、创新和完善一样，农业综合开发科技措施落实与推进也经历过探索与完善的过程。

　　1997年以前，土地治理和多种经营项目中都有科技应用和推广内容，但有些政策并没有真正得到落实。例如，土地治理项目中安排的3%～5%的科技推广费用，由于各种因素，并没有全部专款专用；多种经营项目的资金由于是有偿性质，项目承担单位也不愿用于公益性较强的科技推广投入，这在一定程度上影响了农业综合

开发科技含量的提高。

1997 年 10 月，在杭州召开的全国农业综合开发工作会议提出："实施科教兴农战略，提高农业综合开发的科技含量""要加大农业科技投入力度，使农业科技推广投资比例在现有基础上逐年有所提高"。同年，国家农发办设立了科技处，开始实施了一批小型科技推广项目，单个项目中央财政投资在 20 万元左右。

1999 年，时任国务院副总理的温家宝同志在国家农业综合开发第二次联席会议上指出：农业综合开发的指导思想应实行"两个转变"，农业综合开发工作要做到"一个坚持"、突出"四个重点"、加强"两项保障"。"两项保障"就是加快农业科技进步、加强科学管理。为此，国家农业开发办公室在项目设置和建设内容的安排上进行了较大调整。由于国家 1997 年设立实施的小型项目，在单项品种、技术推广方面发挥了一定作用，但点多面广、投资分散、示范作用不强等问题也比较突出，且与土地治理项目中的常规技术推广区别并不明显。因此，1999 年开始，国家农发办停止了小项目实施，开始设立国家农业综合开发高新科技示范项目。

1999 年开始，在深入调研的基础上，专项安排实施了一批农业高新科技示范项目，进行良种繁育、节水等农业高新技术的示范，力求在不同区域内探索最先进适用的开发模式和技术支撑体系。农业高新科技示范项目，是以省级（含省级）以上综合性强的农业科研、教学单位为技术依托单位，在加强农业基础设施建设的同时，利用 2 项以上核心农业高新技术，在农业综合开发项目区进行示范，力争推动农业高新技术的产业化。

2000 年，国家农发办在河南省唐河县进行了科技推广综合示范项目试点。2001 年开始，科技推广综合示范项目在全国推开。科技推广综合示范项目，是在改善农业基本生产条件的基础上，着力进行农业先进适用成熟技术的大面积推广应用，加速农业科技成果转化，积极培育具有比较优势的支柱产业，调整优化农业产业结构，促进农业产业化经营，实现农业增效、农民增收、区域经济快速发展目标。

2001 年年底国家农发办印发了《关于实施农业综合开发现代化示范项目的意见》（国农办〔2001〕220 号），决定 2002 年先行在北京、天津、江苏等省（市）进行农业现代化示范项目建设。农业现代化示范项目，突出广泛应用现代农业先进装备和农业科学技术，推进农业组织管理现代化、科技应用现代化，同时将资源保护和环境建设纳入到项目建设内容中。

至此，由农业高新科技示范项目、科技推广综合示范项目、农业现代化示范项目三类项目构成的专项科技示范项目体系初步形成。专项科技示范项目由中央财政专项安排资金，有针对性地在部分地区进行示范。与其他类型农发项目相比，专项科技示范项目具有鲜明的特色：一是以科技应用为主要手段进行农业深度开发；二是依靠科技促进区域性主导产业成长；三是通过加强技术推广服务体系建设，保证科技推广的效果；四是突出与科研单位、科研人员的紧密结合，加速了科技成果转化；五是项目综合性更加突出，明确以培育壮大主导产业为目标，在提高产业素质、优化结构等方面下功夫，根据产业发展的要求进行配套基础设施建设，是对原有各类项目的一种较高层次综合。

2003 年 12 月财政部印发的《关于改革和完善农业综合开发若干政策措施的意见》（财发〔2003〕93 号）提出：根据农业综合开发的主要任务，将农业综合开发项目整合为土地治理项目和产业化经营项目两类。基于项目整合的考虑，为集中资金进行重点投入，从 2004 年开始，不再单独设立专项科技示范项目。

2004 年起国家农业综合开发不再单独设立专项科技示范项目，并不是科技推广工作不重要。按照农业综合开发政策规定，允许在土地治理和产业化经营两类项目中安排一定比例的科技推广费。通过加大科技投入，提高项目的科技含量，提高农业综合开发整体素质和效益。

二、江苏省农业综合开发科技推广工作的实践

江苏省自 1988 年大规模实施国家立项的农业综合开发以来，始终把科技推广作为农业综合开发的工作重点，常抓不懈，通过建立农业综合开发实验区、科技示范园区，大力推广农业新技术、新品种，依靠科技进步推进农业综合开发不断跃上新台阶。按照科技推广工作重点和内容的不同，江苏省农业综合开发科技推广工作大体上可以分为三个阶段：第一阶段（1988—1998 年），以建设农业综合开发实验区为重点；第二阶段（1999—2004 年），实施国家农业综合开发专项科技示范项目，建立省级农业综合开发科技示范园区；第三阶段（2004 年以来），由于国家农业综合开发不再单独设立专项科技示范项目，科技推广通过国家土地治理和产业化经营项目加以实施，其中土地治理项目科技推广分成两大类，一类是由省级集中安排的科技推广费（即省级科技推广项目）；另一类是随项目下达到县的科技推广费（即面上科技推广项目）。

（一）农业综合开发实验区建设

农业综合开发实验区先后进行了三期建设。1988—1990 年，江苏省在第一期黄、淮、海农业综合开发中，组织南京农业大学、扬州大学（原江苏农学院）、江苏省农业科学院、中国科学院南京土壤研究所、江苏省农林厅土壤肥料站 5 个教学、科研单位和推广部门，分别在东海、响水、睢宁、泗洪、丰县建立了 5 个农业综合开发实验区。1991—1993 年，在第二期农业综合开发中，又组织农业部南京农业机械化研究所、扬州大学、江苏沿江地区农业科学研究所等技术依托单位，在射阳、高邮、如皋新建了 3 个农业综合开发实验区。1994—1996 年，在第三期农业综合开发中，又组织中国科学院遗传研究所、南京农业大学、江苏省农业科学院等技术依托单位，在泗阳、淮阴、江宁新建了 3 个农业综合开发实验区。1997—1999 年，又组织江苏省农业科学院、农业部南京农业机械化研究所等技术依托单位，在常熟、锡山新建了 2 个农业综合开发实验区。1988—1999 年，江苏省先后建立了 13 个农业综合开发实验区。

江苏省农业综合开发实验区建设的主要取得了以下 3 个方面的成效：一是摸清了不同农区制约农业发展的障碍因子及其治理措施，并经过试验示范总结出一系列综合治理措施。二是探明了农业综合开发的途径和模式。江苏淮北地区主要通过大搞农田水利建设，引水灌溉，培肥土壤，提高粮食生产能力；丘陵山区开发坚持因地制宜的原则，在抓好粮、棉、油生产的同时，大力发展多种经营；沿海滩涂开发实行农业规模经营，大幅度地提高劳动生产率和种植业的比较效益。三是提高了干群的素质，为项目区培养了一大批懂技术、会经营、善管理的农业科技示范户和各类专业大户，使他们成为农民学科学、用科学的带头人。

【实践案例 1】

结缘如皋常青国家农业综合开发高沙土科技实验区建设

常青乡地处如皋市西南部，位居高沙土地区的腹部，总面积 29.7 平方公里，总人口 2.6 万人。20 世纪 90 年代前，土地高低不平、灌排水系不配套、土质沙漏板瘦等高沙土地区普遍存在的问题在该乡尤其突出。进入 20 世纪 90 年代后，常青乡分别于 1991 年和 1994 年相继列入高沙土农业综合开发试点工程和第二期开发工程，以江苏沿江地区农业科学研究所等为技术依托建立农业综合开发科技实验区。开发工程实施中，针对高沙土地区制约农业生产发展的障碍因素，以科技为先导，以市场为导向，以效益为中心，按照"吨粮田"的建设标准，实施"沟、渠、田、林、路综合治理，桥、涵、闸、站、坝同步配套", 以加快推进农、林、牧、副、渔全面发展。

我们所从事的学科领域为耕作栽培, 当时研究重点是多熟种植制度和"两旱一水"后季稻盘育抛秧轻简栽培 (图1-1、图1-2)。由于研究与需求的相对吻合, 1991年启动常青农业开发科技实验区建设时就直接参与其中, 并以建设示范方为重点 (图1-3), 采用驻点与跑点相结合的形式, 开展科技推广与技术服务工作。1995年3月至1997年7月, 挂职常青乡科技副乡长, 全日制、全身心地投入于常青农业开发科技实验区建设。作为一名参与者和实践者, 亲历并见证了国家农业综合开发工程及其科技推广的实践, 给常青乡所带来的天翻地覆式变化。

常青农业开发科技实验区的建设成效: 一是农田生产环境极大改善, 实现了理想的生态效益。至1996年, 全乡林木覆盖率达15%, 形成了"沟渠成网、绿树成行、田块成方、道路通畅、排灌自如"的园田化格局, 通过缩旱扩水、秸秆还田、江水灌溉等措施, 土壤有机质达到1.15%~1.2%, 从而确保了粮食等作物的持续稳产。二是农产品产量和农民收入成倍增加, 产生了显著的经济效益。1996年全乡粮食总产15 505吨 (比1991年增加6545.4吨)、人均产粮达617.5千克 (比1991年增加277.5千克), 1990年前该乡每年差进粮食123万千克, 而开发后反过来每年差出70多万千克, 此外蚕茧、果品、蔬菜、畜禽、水产等产量也得到成倍增长。农民收入得到大幅度提高, 1994年全乡人均年收入突破千元关, 1995年人均收入为1512元, 1996年达到了2268元, 三年的年逐增幅度达到50%左右。三是农村经济协调快速发展, 创造了良好的社会效益。通过开发, 全乡形成了区域特色鲜明、规模适度的高效农业和商品农业种植群带, 1996年主要农副产品的商品率达60%以上。综合开发也带动了第二产业、第三产业的协调发展,

1996 年全乡工业企业发展至 24 个，并有 2 个中外合资企业，1995
年乡工业产值实现了超亿元的历史性突破，1996 年又在此基础上
增长了 40%。1995 年常青乡被评为江苏省扶贫工作先进乡镇，
1996 年为如皋市 13 个基本达小康的乡镇之一，成为如皋高沙土地
区第一个基本达小康的乡镇。

　　常青农业开发科技实验区建设过程中，既做好生产所需技术研
发与应用的"科技人"，又当好开发成果普及与宣传的"传播者"。
担任常青乡科技副乡长期间，相继荣获南通日报社的"优秀通讯员
(1995 年度)""十佳通讯员（1996 年度)"（图 1-4）等称号。

图 1-1　1990—1993 年开展的
多熟制后季稻塑盘旱育秧抛栽
技术研发（播种落谷）

图 1-2　1990—1993 年开展的
多熟制后季稻塑盘旱育秧抛栽
技术研发（抛栽）

图 1-3　1995 年在位于如皋市常青科
技实验区内的圩岸村建立的科技示范方

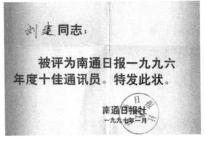

图 1-4　获 1996 年度南通日报
十佳通讯员称号

（刘　建）

（二）实施国家农业综合开发科技项目，建立省级农业综合开发科技示范园区

1999 年，国家第一批、江苏省第一个国家农业综合开发高新科技示范项目在高邮市实施。2001 年，国家第一批、江苏省第一个国家农业综合开发科技推广综合示范项目在宜兴实施。2002 年，又有通州国家农业综合开发高新科技示范项目、睢宁国家农业综合开发科技推广综合示范项目、海门国家农业综合开发现代化示范项目启动实施。为加大科技投入力度，提高农业综合开发的科技含量，2000 年，江苏省在原农业综合开发实验区的基础上，设立了铜山、睢宁、东海、淮阴、射阳、泰兴、锡山等第一批 7 个省级农业综合开发科技示范园区；2001 年，设立了宜兴、常熟 2 个省级农业综合开发科技示范园区；2002 年，又新建了宿迁、溧水、滨湖 3 个省级农业综合开发科技示范园区项目。

实施国家农业综合开发科技项目、建立省级农业综合开发科技示范园区主要取得了 4 个方面的成效：一是推广了一大批农业新技术、新品种，提高了项目区科技含量，促进了项目区农业和农村经济的发展。二是项目建设在坚持改善农业生产条件和生态环境的同时，以资源为基础，以市场为导向，以效益为中心，因地制宜发展优势产业，带动了整个区域经济的发展，推进了农业结构调整，促进了农业产业化经营。三是促进了农业增效、农民增收。四是加大了创新的力度，增强了项目建设发展后劲。

【实践案例 2】

主持实施通州国家农业综合开发高新科技示范项目专题

通州国家农业综合开发高新科技示范项目，于 2001 年 3 月 5 日由江苏省农业资源开发局、江苏省财政厅根据国农办〔2001〕16 号文批准发文立项，通州市农业资源开发局为项目承担单位，江苏

省农业科学院为技术依托单位。项目设置了"应用水稻、小麦计算机模拟决策系统,指导稻麦优质新品种示范和良种繁育""新型蔬菜设施栽培配套技术的示范应用和推广""波尔山羊纯繁及杂交利用技术示范"3个专题,分别由江苏沿江地区农业科学研究所、江苏省农业科学院蔬菜研究所(后相关工作转入园艺研究所)、江苏省农业科学院畜牧研究所承担(图1-5~图1-8)。项目核心区设在兴东镇孙李桥村,示范地辖兴仁、兴东、金沙3个镇连片的8个行政村,实施面积1.2万亩(1亩≈666.7平方米)。

我们作为技术依托,主持承担了"应用水稻、小麦计算机模拟决策系统,指导稻麦优质新品种示范和良种繁育"专题的技术服务任务,专题任务起止时限为2001年1月至2003年12月。我们按照相关任务,组成专题组,依据项目"第一年作准备、第二年打基础、第三年上规模"建设要求,跟随项目建设进度做好技术服务工作。专题实施取得以下成效:一是进行了水稻、小麦新品种引进及生态适应性鉴定;二是进行了相关试验及相关数据采集,为修正计算机栽培模拟决策系统参数、建立稻麦新品种高产高效栽培优化模型提供了科学数据;三是建立了具有较强实用性和指导性的水稻、小麦优质高产新品种高效栽培及良种繁育计算机模拟优化模型,制定了高产高效计算机模拟优化栽培模式图及其生产技术规程,并提出生产技术指导意见;四是应用稻、麦计算机模拟优化栽培模式图,建立高产优质栽培和良种繁育示范方。专题实施过程中,组织科普讲座和技术培训15次,编印资料0.8万份,培训农民1.3万多人次。

通州国家农业综合开发高新科技示范项目稻麦专题的高标准实施,有力地支撑了优质稻麦产业的发展。我们牵头制定了江苏省南通市地方标准"水稻栽培计算机模拟优化决策系统(RCSODS)指导水稻优质高效生产技术规程"(2005年12月12日发布并实施）、"小麦栽培计算机模拟优化决策系统（WCSODS）指导小麦优质高效生产技术规程"（2005 年 12 月 12 日发布并实施）。2005 年 12 月 31 日，南通市科技局组织南京农业大学、江苏省农业科学院、江苏省农业资源开发局、江苏里下河地区农业科学研究所、南通市农业局、南通市情报研究所和南通市作物栽培技术指导站等单位专家，对江苏沿江地区农业科学研究所主持完成的"基于 R/WCSODS 的稻麦优质高效种植技术研究与应用"进行了成果鉴定。鉴定意见认为：该项目在稻麦栽培计算机模拟优化决策系统的区域应用的实现途径、技术集成和推广机制方面有发展和创新，综合效益显著，推广应用前景广阔，研究应用水平居国内领先。

图 1-5　项目区应用水稻计算机
模拟决策系统科技示范方

图 1-6　项目区应用小麦计算机
模拟决策系统科技示范方

图 1-7　省农科院专家在项目区
研讨科技方案

图 1-8　省农科院专家在项目区
开展调研

（三）国家农业综合开发土地治理和产业化经营两类项目的科技推广

国家农业综合开发土地治理和产业化经营项目中都一直有科技应用和推广内容，例如，通常在土地治理项目中安排3%～5%科技推广费用。土地治理项目包括由省级集中安排和随项目下达到县由县级安排两个部分，产业化项目由承担主体自行安排。2004年之前，由于国家单独设立有专项科技示范项目，因而国家农业综合开发土地治理和产业化经营两类项目的科技推广并没有得到普遍重视，地区间、项目间在执行标准、管理要求和效果体现方面存在比较大的差异，由于各种因素，随项目下达到县的土地治理科技推广总体上并没有全部专款专用，有些政策并没有真正得到落实，这在一定程度上影响了农业综合开发科技含量的提高。

【实践案例3】

精心实施如皋长江镇农业综合开发产业化项目科技推广

我们作为技术依托，实施农业综合开发产业化项目"如皋市长江镇'绿沙王'西瓜无公害（绿色食品级）生产基地建设"科技推广，该项目由南通市长青生态农业开发有限责任公司承担，实施年限为2003年。项目实施地与江苏沿江地区农业科学研究所紧邻，给科技推广团队的技术服务带来了很大便利。在科技推广过程中，科学编制实施方案，整合优势技术资源，按照时序进度和生产要求开展农民培训和科技指导，及时解决基地建设过程中的技术问题，并帮助制定了南通市长青生态农业开发有限责任公司企业标准"绿色食品（A级）'绿沙王'优质西瓜"（2005年12月12日发布并实施）、"绿色食品（A级）'绿沙王'优质西瓜生产技术规程"（2005年12月12日发布并实施），高标准、高质量地完成了科技推广任务。图1-9～图1-12为江苏沿江地区农业科学研究所组织省内最强技术资源，务实开展西瓜基地建设的科技服务。

图 1 - 9　2003 年 4 月 28 日开展
麦套地膜西瓜田间技术指导

图 1 - 10　2003 年 7 月 15 日组织省农
科院西瓜栽培管理专家开展技术培训

图 1 - 11　2003 年 8 月 4 日组织植保
专家实地解决技术难题

图 1 - 12　2003 年 8 月 21 日组织省
农科院西瓜专家指导大棚西瓜生产

第三节　科技推广工作创新的意义

　　2004 年起，国家农业综合开发不再单独设立专项科技示范项目，允许在土地治理和产业化经营两类项目中安排一定比例的科技推广费，这是一笔不小的投入，用好这项科技推广资金，对于提高农业综合开发科技含量将会发挥重要作用。然而，如何使用科技推广经费、提高农业综合开发的科技含量，则成为需要认真对待的一个问题。鉴于产业化经营项目安排的科技推广费，由企业按当时规定自主使用，机制较活。而土地治理项目科技推广不仅涉及面广，而且投入资金量大，在先前农业综合开发工作中没有对此形成明确的政策规定和管理规范，因而通过探索与创新，有效规范土地治理项目中科技措施实施，强化农业综合开发科技推广工作，既十分迫切，又非常重要。

一、通过科技推广工作创新，为规范项目管理提供依据

在当时农业综合开发规章制度中，涉及科技推广费管理规定的，主要有两个文件：一是《农业综合开发财务管理办法》第十九条规定："土地项目和多种经营项目可按财政资金一定比例安排科技推广费，随项目安排使用。科技推广费主要用于技术培训、小型科技示范、良种和小型仪器购置；科技人员补助等。"二是《国家农业综合开发资金和项目管理办法》第二十二条"用于土地治理项目的农业综合开发资金使用范围"中规定："优良品种的购置、繁育及加工所需的工程设施、配套设备；推广优良品种和先进实用技术所需的小型仪器设备及示范、培训。"上述这些规定过于简单、笼统，没有说清楚此项资金应该用多少，由谁来安排、谁来用、怎样用、用到什么环节最有效益等问题。这就导致了各地在管理和使用此项资金的过程中，心中没底、做法不一，最终影响了使用的效益。

二、通过科技推广工作创新，为破解操作难题提供答案

农业综合开发是"水利措施、农业措施、田间道路工程、林业措施、科技措施"的"复合体"，农业综合开发项目区逐年更换、择优立项，农发部门无自身隶属的、固定式的科技推广单位（或部门），加之科技推广"捆绑"于工程类措施之中，同时立项、同时段实施、同节点验收，这些有别于其他农业科技项目的"特殊性"，使得土地治理项目科技推广常处于无序管理状态，多数地方被"弱势化"和"边缘化"，国家政策上原有规定也过于简单、笼统，没有说清楚此项资金，谁来用，怎样用，用到什么环节最有效益等问题。由于政策"盲区"，导致实际操作时各行其是，具体工作中难以管控。在此背景下，创立有效提升科技效能的农业综合开发科技推广运行机制尤为迫切。

三、通过科技推广工作创新，为提高科技效能提供方法

随着农村形势不断变化，农村经济发展与农业技术推广之间脱节严重，这也给农业综合开发科技推广工作带来了诸多难点。突出表现在：推广主体单一，传导机制单调；人员素质不高，队伍青黄不接；机构设置分散，职能效率低下；保障措施不力，政策意识缺乏；需求主体缺位，技术普及困难，等等。为此，根据农村现状，创新并构建突出"实情实效"的农业综合开发科技推广方法体系，不仅是切实解决农技推广中最后"一公里"难题的现实需要，而且对于增强农业综合开发科技推广"辐射力"、保持其"持久力"，具有极其重要的意义。

第二章　科技推广创新的目标与路径

【本章提要】创新工作要有明确的目标要求与实现目标的科学路径。基于我们长期参加农业综合开发的工作实践、对于科技措施任务要求的认识与理解、科技推广工作状况与问题的调研与分析，提出"两个强化"：一是强化科技推广工作创新的指导思想——要以问题为导向，工作推进上要有较高的效率，成效显现上要有良好的效果，效能发挥上要有明显的效应；二是强化实现科技推广可控式管理，建立能够实现"技术传输畅通、利益有机驱动、载体高效推动"的工作模式体系。

鉴于"两个强化"，我们进行了农业综合开发科技推广工作创新目标要求、实现路径的定位。创新的目标要求：科技措施得到有效落实，科技推广得到规范实施，科技效应得到充分体现。创新的实现路径：创新工作体制，实现责任主体明确；创新运行机制，实现项目管理可控；创新推广方法，实现工作规范高效。

第一节　科技推广工作创新的目标要求

科技推广是农业综合开发土地治理项目的一项重要措施。农业综合开发土地治理项目科技推广措施，是指通过示范、培训、指导以及咨询服务等，把优良品种和先进适用技术普及应用于项目区农业生产的过程。加强土地治理项目科技推广工作，是将农业、林业、水利等措施形成的生产能力转化为产品的重要途径。改善农田基本生产条件，解决粮食由低产到中产，由中产到高产，关键要靠良种、良法的推广和应用。同时，加强农业综合开发科技推广工作，也是推进农业生产节本增效，转变农业增长方式，建设节约型农业，减少农业生产污染，改善农村生活环境，培养新型农民的一项重要措施。创新并建立农业综合开发科技推广工作模式及其运行机制，要以存在的问题为导向，必须充分体现在科技推广的工作推进上要有较高的效率，科技推广的成效显现上要有良好的效果，科技推广的效能发挥上要有明显的效应。科技推广工作创新的具体要求：科技措施要能得到有效落实，科技推广要能得到规范实施，科技效应要能得到充分体现。

一、科技措施的有效落实

农业综合开发土地治理项目的工程量大，实施期大多为 1 年左右时间，其科技措施与"水利措施、农业措施、田间道路工程、林业措施"等工程类措施"捆绑"，多数地方被"弱势化"和"边缘化"，时常出现"项目编报时应付了事、项目实施时各自行事、项目验收时仓促完事"现象。加之科技推广无固定模式、无固定人员等，导致管理难、实施难、考核难。农业综合开发科技推广工作创新，必须较好地解决上述的工作困惑，促使各项科技措施得到有效落实。

二、科技推广的规范实施

农业综合开发科技推广工作，有国家、省等各级财政资金投入作为保障，科技推广任务不仅有明确实施计划与推广目标，还必须通过各级农业开发等管理部门考评与验收。科技推广项目的实施，需要严格地按照计划要求，符合经费使用规定，操作方法上必须切合项目区的具体特点和实际需求。科技推广工作要求严格，但由于实施过程中涉及面广、且关联的部门多，在某些方面还可能受到与项目要求不符的思维定式的影响。农业综合开发科技推广工作创新，必须有效地破解困扰工作过程中的难题，体现项目实施过程的规范化和可操作性。

三、科技效应的充分体现

农业综合开发工作"综合性"的特点，决定了科技推广所具有的"综合性"特征。科技推广的综合性主要体现在推广目标的综合性和科技措施的综合性两个方面：①推广目标的综合性。科技推广工作应着力体现在经济效益、社会效益和生态效益整体提高上，科技推广不仅要求实现农作物增产增收，而且还必须做到满足农作物优质、安全的社会需求，需要改善农田生态环境、提高土地可持续的生产能力、减少农业污染。科技推广不仅仅局限于某一季或单一作物的生产上，必须立足全年增产、增收。②科技措施的综合性。科技措施主要包括品种推广、技术应用与科技培训等工作，品种是基础，技术是保障，培训则是手段。农产品品质的改善和产量的提高，主要依赖于品种的更新，而优良品种的品质保持、产量潜力挖掘则依赖于先进技术的配套应用，科技培训则是让农民了解、掌握新品种、新技术，进而推广应用的重要环节，系统有效的科技培训，能有效地提升项目区农民的科技文化素质，增强其科学种田的能力水平，培育出新型农民。农业综合开发科技推广工作创新，必须有效发挥科技推广的示范辐射作用，充分挖掘科技支撑农业产业持续发展的潜力。

第二节　创新科技推广工作的路径设计

一、技术路径设计概述

创新科技推广工作，必须实现科技支撑农业综合开发效应长效发挥、完善岗位责任目标管理和强化成果转化示范辐射3个方面的相互协同，实现科技推广可控式管理，建立能够实现"技术传输畅通、利益有机驱动和载体高效推动"科技推广方法，在解决科技推广最后"一公里"基础上，破解增强科技推广"辐射力"和"持久力"的实现途径。

农业综合开发土地治理项目科技措施捆绑于工程类措施之中，科技推广任务由项目镇（乡）自主实施的通常做法，在生产实践中普遍暴露出4个方面的突出问题：一是推广力量分散、单薄，不能从区域产业发展高度对计划任务精准定位；二是推广资料、技术档案欠规范，存在档案资料不实、某些环节弄虚作假的现象；三是科技推广资金实际到位率低，不同程度地存在截流、挤占和挪用等违纪情况；四是科技推广实施效果差，推广任务到位率低、实施标准不高。农业综合开发科技推广创新实践的技术路径：以创新工作体制为基础，做到责任主体明确，择优选择科技推广单位；以创新运行机制为关键，实现项目可控管理，合理界定责任、权力和任务；以创新推广方法为保障，确保工作规范高效，促进科技效应的长久发挥。科技推广工作创新路径如图2-1所示。

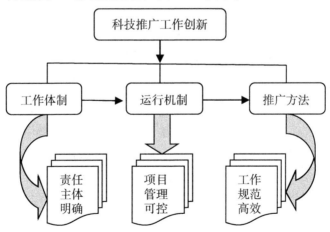

图 2-1　科技推广工作创新路径

二、创新工作体制——责任主体明确

以创新工作体制为基础，变革科技措施的实施主体，将原先固化在项目区建设内容之中、由项目镇自主实施的科技措施从农业综合开发土地治理项目中剥离，将编制并报相关部门审批的计划任务单列，整体打包择优委托给具有较强技术力量、具备独立法人资质的农业科研（教学、推广）单位实施，由其承担农业综合开发科技措施。即促使科技推广工作的实施主体独立，承担农业综合开发科技措施建设单位，按照国家农业综合开发科技推广的相关政策和任务目标，自主组织科技推广。

三、创新运行机制——项目管理可控

以创新运行机制为关键，探索并完善农业综合开发科技推广工作的"项目任务合同制""首席专家负责制""实施过程监管制"和"工作绩效考评制"有机衔接的管理方式，建立从项目启动到结束验收的全程控制运行机制，实行项目可控管理，合理界定责任、权力和任务，使得农业综合开发管理部门、项目区所在镇（乡）和科技推广单位更规范、有效地融合于科技推广工作之中。

四、创新推广方法——工作规范高效

以创新推广方法为保障，强化项目区内的科技示范区、科技示范户的"抓手"建设，探索并完善农业综合开发科技推广的"四有、三结合、两控制"为核心内容的方法体系，有效地破解科技推广如何"做实""做出成效"却面临着诸多难题，形成能够体现农业综合开发科技推广特点、符合农村实情、强化科技推广实效的工作模式，实行工作规范高效，促进科技效应的长久发挥。

第三章　科技推广运行机制的创新

【本章提要】 2014 年在实施如皋市国家农业综合开发土地治理增量项目时，探索将科技措施从农业综合开发项目任务中"剥离"出来，其科技推广任务是由江苏沿江地区农科所自主实施的"科技推广委托制"工作模式。总结 2004 年试点经验，其创新的做法于 2005 年在南通市国家（省）农业综合开发项目区扩大试行，2006—2007 年在南通市得到全面应用，形成"科技推广委托制"工作模式下以"推广任务合同制""首席专家负责制""实施过程监管制"和"工作绩效考评制"为核心内容的运行机制。

农业综合开发科技推广运行机制的创新，取得了显著成效。国家验收组盛赞如皋、南通第六期农业综合开发工作（2016 年 9 月），给出了如皋全国最高分"99 分"、南通为"江苏全省第 1 名"的高度评价；《江苏农业综合开发》简报以"南通市农业综合开发科技推广实行科技委托制"为题进行了专题推介（2006 年 8 月）；国家首个规范农业综合开发土地治理项目科技推广费管理工作的政策文件（国农办〔2006〕13 号）、江苏省农业综合开发土地治理项目科技推广经费管理暂行办法（苏农开土〔2008〕5 号、苏财农发〔2008〕14 号）中的相关条款，吸纳了南通市农业综合开发科技推广工作创新中的成功做法。

第一节 科技委托制创建

2004 年起，国家农业综合开发不再单独设立专项科技示范项目，允许在土地治理和产业化经营两类项目中安排一定比例的科技推广费。土地治理项目安排的科技推广费，实际上是一笔不小的投入，而当时政策规定过于简单、笼统，没有说清楚此项资金应该用多少，由谁来安排、谁来用、怎样用、用到什么环节最有效益等问题。以往和通常做法是，科技措施与工程类措施一起，科技推广任务由项目镇（乡）自主实施。在具体的实践中，这种体制模式普遍存在着科技推广力量分散单薄（通常由项目所在镇农业技术推广站实施），资料档案欠规范（缺乏专门科技队伍和人员配置），科技经费实际到位率低（普遍被项目镇挤占和挪用），严重影响了科技推广的实施效果。

针对上述问题，南通市农业资源开发局、如皋市农业资源开发局和江苏沿江地区农科所等单位一起，探索国家农业综合开发土地治理项目"科技推广委托制"创新实践。以国家于 2004 年起将农业综合开发项目整合为土地治理项目和产业化经营项目两类为节点，以实施 2004 年如皋市国家农业综合开发土地治理（增量）项目为契机，通过多次研究与会商，提出"变革科技措施实施主体"的基本考虑，明确了将原先固化在整个项目区建设内容之中、由项目镇自主实施的科技措施从项目中剥离出来，择优委托给具有较强技术力量、具备独立法人资质的江苏沿江地区农科所实施，由科研单位独立承担农业综合开发科技措施，按照国家农业综合开发科技推广的相关政策和任务目标，自主组织并全面负责科技推广工作。这一创新实践构建的工作模式，与原有模式在计划编报、项目实施、过程监控和项目验收等方面，均具有根本的区别（图 3-1）。使得农业综合开发科技措施的实施主体得到落实，工作责任得到明确，工作推进趋于合理、高效，项目管理得到加强、规范。

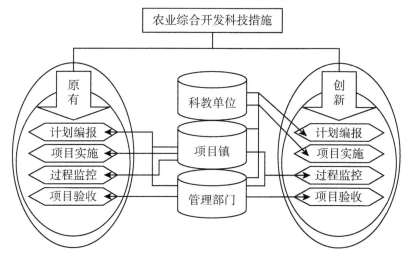

图 3-1　科技推广新旧模式对比

　　这种变更科技措施实施主体的探索，具有较强的开创性和突破性，它从根本上扭转了由项目镇实施科技措施时"自报计划、自主实施、自行管理"状况下，难以有效提升工作标准、难以实现有效管控的局面。将具有一定资质的农业科研（教学、推广）单位吸纳进来，让他们成为农业综合开发科技推广主体，具有以下几个方面作用。首先，承担科技推广任务的单位按照政策要求和科技计划编报框架，通过前期介入，加强对项目区主导产业的调研、农业生产实际的分析，由项目镇农业服务部门协作参与，确定项目区主推品种、主导技术和主体培训的具体内容，确保了科技措施计划编制既有较高起点，又能切实可行；其次，科技推广单位凭借其管理、人才和成果优势，以及其科技创新、成果转化和技术服务等综合能力，能够保障主推品种、主导技术和主体培训等科技措施高标准推进，实现项目镇、村等基层农技人员业务素质与服务能力的有效提升，同时也有助于项目镇对科技推广工作常态化监督，以及农业开发管理部门、项目镇、科技推广单位等联动式控管，确保科技措施落实的真实性、有效性；最后，科技推广单位能够较好地把握农业综合开发科技推广的政策要求和管理规范，提升科技档案质量，通过科技推广团队内部管理，实现任务逐级分解、责任逐人明确，确保了科技推广工作高效率。

把原先固化在项目区建设内容中、由项目镇自主实施的科技措施从农业综合开发项目中剥离，将编制并逐级报审的科技措施计划与推广任务单列出来，择优委托给具有较强技术力量、具备独立法人资质的农业科研（教学、推广）单位实施，这种由科教单位自主承担农业综合开发科技措施的做法，我们称之为农业综合开发"科技推广委托制"工作模式。

"科技推广委托制"（以下简称"科技委托制"）工作模式，以2004年如皋市国家农业综合开发规模开发项目（土地治理增量计划）为试点，2005年南通市所辖的相关县（市）扩大试行，随后在实践中不断加以完善并全面推广实行。"科技委托制"工作模式创建，使得农业综合开发科技推广的管理层次清晰、职责权益明确、运作高效有序，开发项目区的科技措施得到有效强化，为步入规范化运作轨道奠定了基础。"科技委托制"工作模式变更了科技推广实施主体，与此相配套，创立并有效完善了"推广任务合同制""首席专家负责制""实施过程监管制"和"工作绩效考评制"，实现了从项目启动到结束验收的标准化控制和全程化管理运行机制，使得农业开发管理部门、项目实施镇和科技推广单位更规范、有效地融合于科技推广工作之中。

【实践案例4】

充分调研科学论证积极破解农业开发科技推广工作难题

农业综合开发科技推广工作的创新过程，是一个不断地发现问题、努力解决问题、不断完善提高的过程。建立"科技推广委托制"，必须理顺项目管理单位、农业开发项目承担乡镇、科技推广委托单位三者的关系，必须协同好科技推广委托单位与项目所在村组、科技需求对象（农民、种田大户等）有效对接，因此制订好切合实际、符合要求的工作流程至为重要。在"科技推广委托制"工作模式试点与试行过程中，针对科技推广工作重点环节和关键性、普遍性问题，南通市农业资源开发局、江苏沿江地区农业科学研究所多次联合开展专题调研，积极探索解决问题的途径与办法。图3-2～图3-5为南通市农业资源开发局围绕"科技推广委托制"工作模式牵头组织的专题调查和专项研讨。

图3-2　2005年7月在海门市结合科技服务工作开展调研

图3-3　2006年7月在南通听取科技推广单位专题汇报

图3-4　2006年9月在如皋市组织专项调研

图3-5　2007年4月在如东县组织专题座谈

第二节 推广任务合同制

科技推广实行合同管理，做到了责任明确、有法可依和有章可循。

作为创新科技推广工作的探索之年，2004 年如皋市国家农业综合开发土地治理增量项目科技推广任务合同，由如皋市农业综合开发项目部（甲方）和江苏沿江地区农科所（乙方）签订。合同协议的主要条款包括以下方面：实施内容和目标及主要技术经济指标；实施计划；经费预算；主要参加人员；共同条款；合同签约各方（盖章、签字）。（1）合同中"实施内容和目标以及主要技术经济指标"的条款约定。项目区以优质稻米为主要产业，在该条款中设定了水稻产量、稻米品质和农民收入三项量化性要求：①水稻产量。通过基地建设，水稻平均每亩产量 610 ~ 650 千克（高产田块在 650 ~ 700 千克），比 2002—2004 年三年的平均亩产增加 10% 以上。②稻米品质。项目区内水稻稻谷的优质率达 100%（其中 60% 以上的稻谷达国标 2 级要求），卫生品质达无公害稻谷的要求。③农民收入。每亩平均增加纯收益 270 ~ 355 元，农民人均收入增加 288 ~ 378 元。（2）合同的"实施计划"的条款约定。条款中明确了主体品种和主推技术两项要求：①主体品种。乙方（江苏沿江地区农业科学研究所）须经过详细调查提出适合在项目区内主体品种建议。②主推技术。项目区内，主体推广应用水稻塑盘旱育抛栽技术，综合组装群体质量栽培、优质高产协调及精确施肥和优质稻无公害生产关键措施配套 3 项科技成果。（3）合同中"经费预算"的条款约定。条款中明确了经费总额（54 万元）和分项预算（技术推广费 36 万元、培训费 18 万元）。（4）合同中明确了"主要参加人员"。科技推广团队由江苏沿江地区农科所牵头组建，共有 13 名。其中沿江地区农科所科技人员 9 名，项目区所在县、镇的技术推广人员 4 名。（5）合同中的"共同条款"共有 4 条。其中第 2 条对项目经费拨付加以明确，该条约定："合同签订后及时下拨不少于 30% 的项目经费，并根据项目进展按时足额拨放经费。合同完成后，乙方必须及时向甲方提出课题结束申请，并准备好验收材料及总结报告。"

2005 年起，将科技推广任务合同统一为"技术委托服务合同书"，合同文本结构进行了调整和优化。各县（市）农业综合开发项目部（建设部）作为委托方（签订合同的甲方），科技推广单位作为服务方（签订合同的乙方），双方经充分协商后签订合同。合同条款包括：（1）项目名称；（2）服务内容；（3）服务方式（乙方）；（4）履约时间；（5）甲乙双方职责；（6）考核指标；（7）报酬及支付方式；（8）其他事项；等等。为了使市级农发部门能够有效监管，将南通市农业资源开发局作为合同的鉴证单位，从而确保合同的有效执行和全程管理，实现了农业科技推广工作管理的创新。

2008 年开始，以单项科技推广项目签订科技推广项目合同，统一按照江苏省相关规定执行。

第三节　首席专家负责制

在实践"科技委托制"工作模式时，实现农业综合开发科技措施的首席专家负责制，首席专家由南通市农业资源开发聘任，由首席专家与项目县（市、区）农业开发相关部门签订科技推广委托合同。

首席专家全面并整体负责科技推广工作。具体任务包括：①组织开展项目区的产业特点和科技需求调研，负责科技措施计划任务的编报；②根据确定的科技推广任务，负责组建技术推广与科技服务团队，落实推广团队内部人员分工；③负责编制科技推广实施方案，实施方案是科技推广的任务细化和推进措施的具体化，应重点包括项目基本情况、科技推广目标要求、实施的主要内容、经费预算和组织实施等方面的翔实内容。在具体措施的安排上，既要体现与科技推广计划任务的有机衔接，又要遵循农业生产的特点和农业技术推广的规律，把握可操作性，编制的实施方案必须通过相关部门和专家的论证完善；④有效推进科技推广的实施和相关措施的落实，根据项目管理的政策规定，进行科技推广经费合规合理使用；⑤负责科技推广档案建立、完善，完成项目总结和验收。

在"科技推广委托制"工作模式探索试行阶段（2004—2007年项目实施期间），建立的首席专家负责制，打破了原有以项目乡镇农技力量为主体承担科技推广任务的格局，实现了科研与生产、科技与经济的紧密结合。首席专家对所承担的科技推广任务负总责，在统筹科技推广团队人员分工的基础上，加强对推广任务落实和完成情况的检查。科技推广项目组的成员对首席专家负责，按时序进程完成好相应的推广任务。

2008年开始，把项目区科技措施编制成若干个资金投入量较少的科技推广项目，分别明确单项科技推广项目的主持人（或负责人），由主持人（或负责人）负责签订科技推广任务合同，并全面负责该项科技推广工作的组织与实施。

【实践案例5】

科技推广单位积极探索农业开发科技推广务实高效之路

农业综合开发科技推广能否起到实际效果，需要有一个切实可行的实施方案，有一个责任心强、技术能力强、沟通能力强的科技推广团队，同时还必须把握好农业综合开发政策规定、管理要求，必须懂得农民语言和生产实际需求。在"科技推广委托制"工作模式试点与试行过程中，南通市择优选择江苏沿江地区农科所作为科技推广服务单位，并以耕作栽培学科团队为核心，整合良种、植保、土肥等学科的科技力量，组成强有力的科技推广团队，不辞辛劳地开展科技推广工作。图3-6～图3-9为江苏沿江地区农科所农业综合开发科技推广团队科技人员，围绕实施方案编制、生产需求开展座谈和调研。

图3-6　科技推广团队在如东县掘港镇开展调研

图3-7　科技推广团队在如东县苴镇开展调研

图3-8　科技推广团队在海安县南莫镇开展调研

图3-9　科技推广团队在如皋市九华镇开展调研

第四节　实施过程监管制

　　加强科技措施实施过程有效监管，是确保科技推广能否取得成效的一项重要措施。在"科技推广委托制"工作模式探索试行阶段，不断完善多重监管方法体系，以保证并有效提高科技推广实施效果。

　　县级农业开发机构，按科技推广合同要求对科技推广工作实行有效管理和全程监督。科技推广单位编制的科技推广方案，必须由县级农发部门批准同意。县级农业开发主管部门要协助科技推广单位，做好推广项目的计划编报和启动实施等，做好科技推广单位与项目镇的衔接，有效确保科技推广所需条件（如培训场地、蹲点人员工作生活条件、培训人员的组织等）及时到位。县级农业开发主管部门要注意加强与科技推广团队的沟通，及时发现科技推广过程中存在的问题，检查工作进展、实施质量与实施效果。

　　项目镇及所涉及相关村组，在协助做好科技推广工作相关保障的同时，必须按照科技推广项目实施方案，对科技推广单位在其项目区所开展的技术推广与科技服务活动，进行常态化监督与工作检查。科技推广工作的实施结果，需要得到项目镇、村确认。

第五节　工作绩效考评制

　　在科技推广工作实践中不断完善，形成有利于调动工作热情、提升工作活力、体现工作成效的层积式多重考评控制方法，即工作绩效考评制。

　　工作绩效考评制的主要内容：一是科技推广任务完成情况的考评。由农业开发主管部门对技术依托单位科技推广项目组的考评，即科技推广任务完成后，由开发主管部门组织考核验收，依据实施方案执行情况形成验收结论来结报资金，根据验收结果兑现合同。对实施质量好、达到预期目标的项目，全额拨付技术服务费，对未能完成预期目标的项目，分析原因并提出整改措施。二是科技人员技术服务情况的考评。由首席专家（项目主持人）对科技推广项目组成员进行考评，重点是对照项目组内部的责职分工，考核项目组成员开展科技服务、技术咨询及取得效果等情况，考评结果纳入单位（部门）内部的工作业绩考核评分，并作为个人年度的评先评优依据。三是科技示范成效的考评。由科技推广项目组对项目区拟培植科技示范户和示范区涉及的相关农户进行考评，主要考评示范户参与培训情况、培训效果、示范田建设质量及示范带动规模等，考评结果作为农业综合开发科技推广生产资料的补贴依据。

工作绩效考评制的推进，有效地增强了工作责任意识。例如，在2004年如皋市国家农业综合开发增量（规模开发）项目实施中，在科技推广任务合同中明确了产量、稻米品质和农民收入等目标，合同要求项目区的3万亩水稻平均亩产610千克以上。由于自然因素，沿江稻区的水稻大面积减收，项目区也不例外，平均亩产606.4千克，虽然比周边非项目区增产19.6%，但对照合同仍有差距，在项目验收考评时仍然扣留了4万元科技推广费，待第二年达到合同指标时现款拨付。

第六节 创新成效与应用

一、创新成果不断地完善并迅速普及

农业综合开发科技推广创新的核心内容包括："科技推广委托制"工作模式，以及与该模式有机衔接的"推广任务合同制""首席专家负责制""实施过程监管制"和"工作绩效考评制"等运行机制。其创新工作以如皋市2004年国家农业综合土地治理增量项目为试点，在试点过程中着力发现问题，多部门协作共同研讨破解问题的途径与办法，在实践中总结并完善。基于试点基础上的工作成果，2005年，在南通所辖六县（市）国家农业综合开发土地治理项目及如皋、海安两县（市）省级高沙土农业综合开发土地治理项目中扩大试行。在试点试行过程中，通过分析总结和优化科技推广工作方案，构建了体系比较完整、措施有效配套的科技推广工作模式及其运行机制，2006—2007年在南通市所有的农业综合开发土地治理项目中全面推行实施。

二、创新成果取得了较好的社会公认

（一）农业综合开发工作得到国家验收组高度评价

农业综合开发科技推广创新的实践，使得科技推广这项曾经的"拖后腿""老大难"成为农业综合开发工作的"新亮点"。2006年9月下旬，国家组织验收组对南通、如皋第六期（2013—2015年）农业综合开发进行了全面验收，财政部农发办评审中心等国家验收考评组一行5人，在实地抽验如皋市所有项目、海门常乐现代化项目后，盛赞南通第六期农业开发工作。考评组领导专家们惊喜地说："我们搞了这么多年的农业开发，看了全国这么多地方，像南通这样搞得好的还没见过，南通的经验要向全国推广。"国家验收考评组更是给了如皋市第六期农业开发工作"99分"的全国最高得分。江苏省农业资源开发局和省财政厅领导对南通农业开发工作给予高度评价："南通以全省第一的成绩通过国家验收，为全省争光。"

【实践案例6】

科技推广创新的成功实践为农业综合开发工作增光添彩

2016年9月21日，财政部农发办评审中心王毅洪等国家验收考评组一行5人对如皋市第六期（2013—2015年）国家农业综合开发进行了全面验收。科技推广工作也是这次验收的内容之一，专家们认真查阅了科技推广资料档案、实地察看了科技推广示范区现场、随机走访科技措施落实效果，深切地感受到科技推广的创新力度大、科技档案整洁规范、科技措施落实到位、科技效能充分体现。图3－10～图3－13为国家验收考评组验收现场。

图3－10　科技推广成效现场展示

图3－11　国家验收组察看农业开发成效

图3－12　国家验收组进行实地检查

图3－13　查阅农业开发档案资料

（二）科技委托制得到《江苏农业综合开发》专题推介

农业综合开发科技推广创新所取得的成效，得到了社会的充分认可与高度评价。

江苏农业资源开发局编印的《江苏农业综合开发》（省级机关简报登记证 JS 简字 0113 号）第 13 期（总第 217 期，2006 年 8 月

22 日），以"南通市农业综合开发科技推广实行科技委托制"为题进行了专题报道。该报道整期全景式地介绍了南通市农业综合开发科技推广委托制的主要做法与取得的效果，全文 4 页共九段。

第一段介绍了南通市"科技委托制"概念。文中表述："南通市在总结农业综合开发科技推广工作经验与教训的基础上，积极探索科技推广工作的新途径，即以市为单位，集聚资金，引入竞争机制，选择优秀的科研单位，由科技推广单位自主组织科技推广，通过优化管理模式和创新工作内容，较好地实现了科技推广工作的高起点规划、高标准运作、高效率推进和高质量完成。"

第二段介绍了选择技术服务单位的"五看"标准。一看是否具有市级以上的科研单位资质；二看是否长期从事农业科技推广研究工作；三看是否承担农业综合开发科技项目及取得的实效；四看其拥有的技术成果及其科技力量是否与项目区主导产业相符；五看其科技力量及人员配备能否真正到位，能否发挥最大效益。探索科技推广工作新途径的成功做法。

第三段介绍了 2004—2006 年择优落实科技依托单位的情况。2004 年，在如皋规模开发项目进行了试点，由江苏沿江地区农科所作为依托单位，实施科技推广工作。2005 年，在总结 2004 年实践基础上，通过反复选择，确定了江苏沿江地区农科所和江苏省农科院蔬菜所作为全市农业综合开发科技推广工作的依托单位。2006 年，在考核总结的基础上，进一步规范科技委托制的管理程序及其工作内容，选择了工作到位、成效显著的江苏沿江地区农科所为南通全市的技术委托单位，体现了择优精神。

第四段至第八段，共有 5 段介绍了南通市在科技委托工作中，逐步形成的以技术委托合同制、首席专家负责制、实施过程监管制和工作绩效考评制为核心内容的科技推广管理工作机制等相关情况。

第九段介绍了南通市科技推广委托制取得的实际效果。

该期分送给国家农业综合开发办公室；省委办公厅、省人大办公厅、省政府办公厅、省政协办公厅、省委农村工作领导小组办公室；省级机关有关部门；各市、县农业资源开发局（办）。使得"科技委托制"工作模式及其运行机制，形成了较大影响力和社会显示度。

三、创新成果被国家及省级相关管理办法所吸纳

农业综合开发科技推广创新的做法，为规范管理、制定政策提供了成功的实践案例。

（一）探索与创新的成功做法被国家相关政策所采纳

为了提高农业综合开发土地治理科技推广费的使用效益，2005 年年初，国家农业综合开发办公室将"创新农业科技投入体制、提高农业综合开发科技含量"列入年度工作计划要点，并于当年 5 月上旬，全国函调和典型调研同时展开，通过多次座谈、修改、完善，于 2006 年 2 月出台了我国首个针对农业综合开发土地治理项目科技推广经费管理的文件——《关于加强农业综合开发土地治理项目科技推广费管理工作的指导意见》（国农办〔2006〕13 号）。该文件从以下 7 个方面就加强科技推广费管理和使用工作提出如下指导意见：一是管好用好科技推广费的重要性；二是科技推广费的安排和使用；三是科技推广费的安排比例；四是科技推广费扶持的推广内容；五是科技推广费的开支范围；六是科技推广费的使用单位；七是科技推广费的管理。

特别需要强调的是：①对于科技推广费使用单位进行界定，实现了将科技推广措施从项目镇整个开发任务中剥离出来（即南通市"科技推广委托制"创新中的实施主体变更）。文件中明确"农业院校、农业科研院所，地（市）、县（市）级农技推广服务机构，农民专业合作组织等"为科技推广费的使用单位，除"有条件的地区，农发办事机构可以优先选择农民专业合作组织，扶持其通过各种形式向项目区内成员农户开展科技推广服务"之外，科技推广经费主体上应当是由县（市）级以上农业科技单位按照可开支范围自

主性支配使用。对于没有具有条件的技术依托单位和推广服务机构的，文件也是明确可以不安排科技推广费。②对于科技推广费的管理，文件中明确了"纳入计划管理、制定推广方案、择优选择推广单位、实行合同管理、实行报账制管理和加强监督管理"等，主体吸纳了南通市始于如皋市 2004 年国家农业综合土地治理增量项目探索试点、2005 年起全面试行的"科技推广委托制"工作模式及其运作机制的创新做法。该文件作为国家层面上关于加强农业综合开发土地治理项目科技推广费管理指导意见，全国各省（自治区、直辖市、计划单列市、新疆生产建设兵团、农业部农垦局）均相继根据各地的具体实际，出台了相应的科技推广经费管理相关办法，以有效加强和规范农业综合开发土地治理项目科技推广经费管理工作。

（二）科技推广主要做法完全与江苏省出台的相关政策要求相切合

根据国家农业综合开发办公室《关于加强农业综合开发土地治理项目科技推广费管理工作的指导意见》，结合江苏省实际，省农业资源开发局、省财政厅于 2008 年 3 月 21 日制定并发布了《江苏省农业综合开发土地治理项目科技推广经费管理暂行办法》（苏农开土〔2008〕5 号、苏财农发〔2008〕14 号）。该暂行办法，共有总则、科技推广经费扶持的内容、科技推广经费的使用、科技推广经费的管理、监督检查及考评、附则六章三十四条，系统地规范江苏省农业综合开发土地治理项目科技推广工作。

第一章"总则"中，规定了"以省为单位每年安排的土地治理项目科技推广经费总额不超过当年土地治理项目财政投资总额的8%，其中省级集中安排的科技推广费不超过当年全省科技推广费总额的30%；随项目下达到县的科技推广费不低于当年全省科技推广费总额的70%"。不难看出，我们所强调的农业综合开发科技推广（本书特指随项目下达到县的部分），具有相当多的投资量，显示其作用与地位。总则中也同时明确了"项目区当年没有具体推内容或没有具备条件的科技推广服务单位可以不安排或少安排科技推广费"，可见科技推广服务单位作为科技推广工作责任主体，具有极其重要的作用。

第二章"科技推广经费扶持的内容"中，规定的基本内容为"粮、棉、油、蔬菜、经济林果、花卉苗木、牧草新品种和良种繁育技术，测土配方等科学施肥技术，高效栽培技术，土壤改良和培肥地力技术，农作物病、虫、草害防治技术，节水农业技术，生态农业技术，发展现代高效农业的先进生产设备、设施与技术"。由此可见，农业综合开发科技推广任务涉及学科多、领域广。并进一步明确"科技推广经费安排项目要遵循农业综合开发项目集中连片的原则。粮棉油等大宗农作物一般示范推广面积不低于 2000 亩，特色蔬菜等其他经济作物不低于 200 亩"。

第三章"科技推广经费的使用"中，规定"科技推广经费主要用于示范、培训、指导及咨询服务等推广工作环节中发生的生产资料费、培训费、检测化验费、小型仪器设备费、差旅费、劳务费等"，并进一步细化了各科目的支出比例。按各科目支出总额与科技推广项目财政资金额占比规定了原则性上下限：生产资料费不低于 30%，培训费不低于 20%，检测化验费不高于 5%，小型仪器设备费不高于 5%，差旅费不高于 20%，劳务费不高于 20%。

第四章"科技推广经费的管理"中，明确了"科技推广项目作为农业综合开发土地治理项目的组成部分，由国家农业综合开发办公室负责最终审定"；以及随项目下达到县的科技推广经费（即本书农业综合开发科技推广任务经费）实现"由县级农业资源开发、财政部门负责项目的申报、评审和管理。省、市农业资源开发、财政部门进行指导、监督和抽查""由县级农业资源开发、财政部门根据项目区品种、技术推广的需求，采取竞争的办法，确定推广的项目和承担单位。项目承担单位编制项目计划任务书，汇总到本县土地治理项目年度实施计划中，随年度实施计划报省农业资源开发局、财政厅初审，并在国家农业综合开发办公室审查同意后，方可立项""安排的科技推广项目，原则上每个项目财政投资额度为5万元左右""科技推广项目实行合同管理""科技推广经费使用实行报账制"等要求。

第五章"监督检查及考评"中，明确了"随项目下达各县的科技推广经费安排的项目由市级农业资源开发、财政部门组织验收，省农业资源开发局、财政厅进行抽验"。

自2008年开始，江苏省农业综合开发科技推广工作以《江苏省农业综合开发土地治理项目科技推广经费管理暂行办法》（以下简称《暂行办法》）为依据进行管理。由于管理暂行办法的主要条款采纳了我们推行"科技推广委托制"工作模式及其运作机制的创新做法，因而实现了农业综合开发科技推广的"无缝式"对接。2008年，由我们牵头负责承担了涉及南通市所辖的如皋市、海安县、如东县、通州市四县（市）国家农业综合开发科技推广项目26个，涉及如皋市雪岸镇万富社区、南凌居和丁堰镇新堰村、堰南村、刘海村，海安县白甸镇刘季村、西场镇施秦村、壮志村、洪旺村、石庄村和南莫镇南莫村、沙岗村、柴垛村，如东县双店镇伯元村和岔河镇新坝村，通州市①二甲镇斜河村、北潭村、余西居和东社镇景瑞公司。此外，参照《暂行办法》的要求，牵头负责承担了如皋市省级高沙土开发科技推广项目11个，涉及高明镇卢庄村和刘庄村，桃园镇马塘村和桃北村，九华镇二甲村和郭里村，下原镇腰庄村和白里村，袁桥镇花园桥村。

① 2009年7月2日，撤销通州市，设立南通市通州区。本书中2009年之前的信息仍然采用旧称通州市，2009年之后改称通州区。

第四章　科技推广工作方法的创新

【本章提要】农业技术推广面向千家万户，而农业综合开发科技推广则更显示其特殊性，涉及面广，系统性强，集成度高。工作中急需解除5个方面的障碍：推广主体单一，技术传导机制单调；人员素质不高，农技队伍青黄不接；机构设置分散，服务职能效率低下；保障措施不力，法规政策意识缺乏；需求主体缺位，科技措施难以落实。我们在实施农业综合开发科技推广的实践过程中，力求在科技资源整合与科技力量聚合、推广平台建设与服务抓手培植、项目规范操作与资金有效监控3个方面下功夫，创新科技推广工作方法。

通过创新，建立起了农业综合开发科技推广的"四有、三结合、两控制"工作方法体系。"四有"是指科技示范户培植要求：种好一块示范田，参加一次系统培训，拥有一册（套）科普图书，建有一份信息档案。"三结合"是指科技推广运行方法要求：示范区建设和示范户培植相结合，项目过程实施和延伸拓展服务相结合，项目实施责任控制和科技资源开放整合相结合。"两控制"是指管理方法要求：绩效考评量化管理控制，利益驱动实名管理控制。

第一节　科技推广主要障碍及其方法创新

农业综合开发科技推广工作如何规范、高标准地推进，在实际工作中有着诸多难题需要破解。基于2004—2006年开展农业综合开发科技推广工作的实践和体会，并结合相关调研分析，笔者认为制约并直接影响农业科技推广工作的主要障碍，大体上有以下 5 个方面。

一是推广主体单一，技术传导机制单调。以政府推广机构为主导形式的农业技术推广体系，形式单一，往往顾此失彼。而在传统计划经济体制下发展起来的农业推广体系，其结构与功能、推广目标主要体现为政府行为，技术推广主要通过行政干预式的传导机制来运行。这种有赖于行政手段的由上而下技术推广强制性，难以适应市场经济的发展需要。一方面，限制了农户作为市场主体的自主决策权力，农户只能被动地接受推广技术，推广效率低下；另一方面，对农户实行以推广"技术"为中心，忽视对农户的推广教育，致使推广人员与农户之间缺乏有效信息沟通，使农业科技推广工作陷入被动状态，经常出现政府好心办不成好事的现象。

二是人员素质不高，农技队伍青黄不接。基于当时的背景，镇（乡）、村农技推广人员的数量少、素质较差、技能偏低，低学历的人员比重大，相当一部分推广人员知识面窄，知识老化严重。主要原因有三个方面：一是农技推广人员的要求低且有较大的灵活性，因难以实施有效控制，导致大量专业知识缺乏、业务能力不强的人员因人情或机构改革等因素进入技术队伍。二是农技推广因投入少、条件差，农技人员待遇低、生活苦，本科或以上学历的人才宁愿改行留城里，也不愿到乡镇基层搞推广，经费不足等因素难以实现对推广人员的更新知识，业务能力难有提升。据江苏省海门市调查显示（2006 年），海门全市乡镇农技站农技人员中，30～40 周岁的占 38.1%、41～50 周岁的占 29.5%、51～60 周岁的占 32.4%，本科及以上学历的占 20.5%、大专或中专学历的占 76.2%、中专以下学历的占 3.3%。这些人员中真正从事农技推广工作的仅占 65.7%，其余则从事非农技推广工作，这些大都是业务骨干，主要借用到民政、拆迁、综治、招商、企管、工业、规划等乡镇中心工作上。1995—2005 这十余年间，乡镇农技站几乎没有新进的大专院校毕业生，30 岁以下的农技人员几乎没有，面临着"青黄不接、后继乏人"的局面。三是高等院校"重论文、重学历"的教学模式，导致科教单位引进的农业科技人才知识面窄、实践经验缺乏、操作技能差，也很难适应独立性地开展科技推广工作。

三是机构设置分散，服务职能效率低下。按照 2004—2006 年的机构设置和管理模式，县、乡两级的专业推广机构分散设置，分属于农业、林业、农机、水利等部门，不同专业分属不同的部门领导，相互之间自成体系，缺乏有效的协调和沟通，部门利益与农业推广的整体效益发生冲突，管理上顾此失彼，时常导致内耗出现。而乡镇农业技术推广部门"人财物管理权"下放乡镇政府管理，导致县（市区）专业推广机构与乡镇农业技术推广部门之间的业务断"链"，农业技术推广在农业和农村发展中的整体优势难以发挥。

四是保障措施不力，法规政策意识缺乏。2004 年以前，除国家农业综合开发项目之外，国家在农村、农业发展方面具有较大规模投入的项目较小，涉及农业科技推广方面的项目则更小，"高产创建""农民培训"等项目则是几年之后才陆续启动实施的，不少的镇村基层干部认为，建桥、筑路、修渠等基础设施建设可以立竿见影地解决农村实际问题，农田已经分配到户，产量高低、效益好差则是农户自己的事，对农业综合开发科技推广的重要性缺乏认识。由于当时欠发达地区的县（市）、乡（镇）两级财政和经济实力普遍较差，好不容易争取到的国家项目资金总要争取机会"占为己用"，对于国家涉农资金使用的规范性及政策把握上不到位，时常出现工作配合不到位、保障措施不力等情况，这在很大程度上影响着科技推广的工作推进。

五是需求主体缺位，科技措施难以落实。农村中有超过 80% 的青壮年外出打工经商，农业从业人员知识结构、年龄结构的严重失衡，造成了农村"空心化现象"。农村经济合作专业组织、家庭农场等新型农业经营主体，在当时还没有起步，以老龄化、低文化程度为特征的务农人员结构，事实上已造成农业科技使用上的障碍，"结构调整难""良种售销难""技术推广难""培训组织难"在一些地方普遍存在。

基于5个方面障碍分析，自2004年起我们积极探索农业综合开发科技推广工作方法的创新。在工作方法的创新实践中始终把握住以下3个目标：一是在科技资源整合、科技力量聚合方面下功夫，着力在提升科技推广团队质量与水平上求突破；二是在推广平台建设、服务抓手培植方面下功夫，着力在提升科技示范效益与成效上求突破；三是在科技项目规范操作、科技资金有效监控方面下功夫，着力在提升项目实施标准与效率上求突破。持续多年的探索与实践，我们建立起了农业综合开发科技推广的"四有、三结合、两控制"工作方法体系，即"四有"要求的示范户培植方法、"三个"结合科技推广运行方法、"两控制"协同推进的管理方法。

第二节   "四有"要求的示范户培植方法

农业综合开发土地治理项目，实行连片规模开发，科技推广成效应充分地体现在项目区广大农户对优良品种、先进技术的接受与运用上。在科技推广的工作方法创新实践中，我们将"科技示范户培植"作为科技推广工作的一项重要"抓手"，以期通过科技示范户高质量建设，发挥好典型示范、样板引导的作用，在科技人员和广大农户之间架起科技传输的"桥梁"，并使科技示范户成为农业新品种、先进技术推广的"纽带"。示范户水平的高低决定着示范质量的优劣，在实际工作中，我们根据项目区产业特点和示范推广规模，按相关产业实际种植户的5%～15%比例择优选择科技示范户。遴选、确定科技示范户时，强调应具备以下 3 个基本条件：一是思想觉悟较高，传播新技术能力较强，愿意且能够较好地履行示范户职责；二是有一定的文化水平，能够较好地落实农业综合开发科技措施；三是劳动力比较充裕，具有较丰富的生产经验和种植技能，具有较大规模示范农田，农田产出水平高，能够发挥示范、指导作用。

项目区具体示范户确定之后，我们将农业综合开发科技推广任务与科技示范户的培植工作有机融合，明确了"四有"要求的培植方法。即：要求做到每个科技示范户都必须种好一块与产业相关的科技示范田；参加一次系统性的科技培训；拥有一册（或套）科普图书；建有一份信息档案。上述"四有"要求的示范户培植方法，能够有效地保障新品种、新技术、新模式的示范质量，有利于实现科技示范效应的长久发挥。

科技示范田建设。是否具有可供示范的农田及较高的农田产出水平，是能否成为示范户的重要条件，确定并成为示范户后通过系统的技术培训、科技人员的现场指导和咨询服务等途径，全面应用推广项目所确定的主导品种和主推技术，有效地提升示范田建设质量、展示技术示范成效，则是科技示范户应该承担的基本义务。我们把科技示范田的建设质量与成效，作为农业综合开发科技措施落实过程中生产资料补贴的重要依据，通过示范田连片式、规模化的高标准建设，形成科技推广新品种、新技术示范展示的核心示范区，以整体展示示范效应，引领主导品种、主推技术在项目区的辐射推广与全面普及。

【实践案例 7】

多方联动不断提高科技推广示范方建设质量与展示效果

我们在承担实施如东县曹埠镇国家农业综合开发科技推广项目"芦笋大棚覆盖设施栽培优质高效种植技术推广"（320623 - 2010 -

01）中，全面推广"格兰特（德）"芦笋新品种和"芦笋大棚覆盖设施栽培优质高效种植技术"，在甜水村 15 组、17 组、20 组及其周边地区建立核心示范园区 600 亩，围绕示范园区（图 4 - 1）建设，补贴芦笋种子 4 罐（1 磅/罐）、30% 复合肥 3.75 吨，开展"芦笋的栽培特性""芦笋大棚覆盖栽培配套管理措施"和"芦笋主要病虫害的无公害控防"等专题培训，累计培训 386 人次，有效地提高了芦笋园区的建设质量和项目区农民的科技文化素质。图 4 - 2 ~ 图 4 - 4 为该项目的实施与推广情况。

图 4 - 1　科技示范园区（一）

图 4 - 2　现场咨询服务与技术指导

图 4 - 3　开展种植技术培训

图 4 - 4　开展技能操作培训

科技培训的开展。系统性科技培训，是针对新品种、新技术应用而开展的应用性培训，目的是农民（尤其是科技示范户）掌握新品种栽培特性和新技术种植要点、实现良种良法栽培，或是规范地应用新的技术模式、实现农田丰产增效。每个科技推广项目均根据主导品种、主推技术的推广要求，设置3～4个专题的主体培训。以提高生产技术的规范性和实际效果为目标，科技培训根据农时农事的需要，除采用图文并茂的室内课件式教学培训之外，还有针对性地开展关键技术的操作性培训与实地现场指导。通过系统性科技培训，做到学以致用、现学现用，有助于科技示范户科技文化素质，提升科技示范方的建设效果。

【实践案例8】

有效提升农业开发科技推广技术培训质量及其培训效果

先进实用技术能否有效推广，关键在于农民能够认识和采纳，通过科技培训提升农民掌握新技术运用的技能十分重要。在农业综合开发科技培训环节，做到系统知识讲解以图文并茂式课堂讲授为主，新品种、新技术培训强调与农时季节相吻合，生产操作性较强的培训力求与现场实地观摩相结合，从而使农民易学、易懂、易掌握，以确保培训质量与效果。图4－5和图4－6为2007年11月27日在海安县南莫镇项目区开展室内培训、图4－7和图4－8为2006年3月26日在如东县丰利镇项目区开展室外培训现场。

图4－5　海安县南莫镇农民培训现场
（图文并茂式授课）

图4－6　海安县南莫镇农民培训现场
（聚精会神地听讲）

图4-7　如东县丰利镇农民培训现场　图4-8　如东县丰利镇农民培训现场
（井然有序的会场）　　　　　　　　（操作技能培训）

科普图书的普及。项目区科技示范户虽然具有一定的文化水平、接受新知识和传播新技术能力较强，但仅靠项目一年实施期内的几次培训与指导，难以做到对新品种、新技术系统的掌握与应用，为此我们把知识系统全面、技术易学易懂的科普图书撰写与普及，作为科技示范户培植重要环节。2006—2016年，编写并出版了《区域优势作物高产高效种植技术》《优质水稻高产高效栽培技术（第二版）》《优质水稻高产高效栽培技术》《优质小麦高产高效栽培技术（第二版)》《优质小麦高产高效栽培技术》《稻麦丰产增效栽培实用技术》《稻麦优质高效生产百问百答》《优质油菜高产高效栽培技术》《四青作物优质高产高效栽培技术》《高产桑园管理及其间作技术》《大棚设施周年利用高效模式》《特种蔬菜优质高产栽培技术》《旱田多熟集约种植高效模式》《杂粮作物高产高效栽培技术》等农业综合开发科技推广系列科普图书，系列图书以长江下游集约农区优势作物丰产增效为背景，突出资源高效利用，涵盖了稻田、旱粮田、桑田、蔬菜田4种典型农田的主要作物。《区域优势作物高产高效种植技术》于2006年1月开始组织编撰，并择部分内容编印成册，用作2006年、2007年南通市国家农业综合开发土地治理项目区农民培训教材和科技入户、科普宣传等技术资料，经过两年左右的调研分析、农民座谈、内容充实和修订完善，2008

年 12 月正式出版发行，该图书内容系统、全面，适于乡镇、村组农技人员和科技骨干户阅读与知识提升，宜作农家书屋收藏；《优质水稻高产高效栽培技术》等其他图书按作物和田块类型分册编写，2009—2016 年相继出版发行，分册图书统一版式设计，内容简明，技术实用，适于特定产业的农民普及性阅读、专题性培训。上述科普图书在科技示范户培训时用作教材免费发放，根据产业特点和生产需求，确保每个参加培训农户每户 1 册或多册，有效地推进了知识更新，提高先进技术示范质量，有力支撑了区域主导产业的快速发展。

【实践案例 9】

务实创新 积极探索 实现农民吸纳新知识新技术的有效途径

农业综合开发科技推广的实践，使我们深刻地感受到农民对农业知识的渴望，我们从 2005 年开始将所推广的优质品种、先进技术进行系统整理，精心编写了《南通市农业综合开发培训教材》，并附录常用农药、肥料特性和主要良种、病虫害症状彩色图片，教材技术内容按年度推广要求有所调整，2006 年、2007 年南通市所有项目区全覆盖普及使用，培训时人手一册，深受农民欢迎。图 4-9 ~ 图 4-12 为培训现场农民聚精会神看书学习的情景。

图 4-9 海安县角斜镇项目区
培训现场（2006 年 12 月 1 日）

图 4-10 如东县掘港镇项目区
培训现场（2007 年 3 月 7 日）

图 4-11　如东县马塘镇项目区
培训现场（2007 年 3 月 18 日）

图 4-12　如皋市如城镇项目区
培训现场（2007 年 3 月 20 日）

【实践案例 10】

精心创作能够使农民看得懂用得上的科技推广系列图书

如何能够让更多的农民拥有知识更系统、技术讲授更具针对性的高质量科普图书，对于帮助提高科技培训质量、提升咨询服务与技术指导效果，帮助农民增强对科学知识和先进技术的认知、提高科学文化素质，显得非常重要。为此我们依据区域农业生产特点和主导产业技术需求，广泛开展生产调研、农民走访，用农民能懂的语言对适用的先进技术进行梳理与提炼，通过长达 9 年（2008—2016 年）的不懈努力，相继编写并出版了科普图书共 14 本，累计约 225 万字。科普图书更注重其实用性和可操作性，因而深受农民朋友的欢迎，图书的创作、出版发行和迅速普及对指导新品种新技术推广发挥了积极的推动作用。图 4-13～图 4-16 为系列科普图书在农业开发项目区普及应用情况。

图 4 – 13　发放《四青作物优质
高效栽培技术》图书现场
（海门市王浩镇，2011 年 10 月 11 日）

图 4 – 14　发放《优质小麦高产高效
栽培技术（第二版）》图书现场
（海安县墩头镇，2013 年 4 月 18 日）

图 4 – 15　发放《优质水稻高产
高效栽培技术》现场（如东县
河口镇，2013 年 7 月 22 日）

图 4 – 16　发放《稻麦丰产增效
栽培实用技术》现场（如皋市
城南街道，2015 年 8 月 14 日）

　　信息档案的建设。对于确定的科技示范户建立信息档案，主要信息包括基本情况（姓名、年龄、文化程度、联系方式等）、种植业情况（田块面积及其种植的作物品种、栽培方式、投入与产出等）和落实农业综合开发科技措施情况（示范方建设、参与培训、示范带动农户等），以便开展科技推广效果评价、加强信息互动和后续跟踪服务与技术指导等定向联系。

第三节　"三结合"的科技推广运行方法

农业综合开发科技推广不仅只限于新品种、新技术推广规模和培训人次数量等任务的完成，更应该体现在科技推广后的实际成效、科技效应的长久发挥上。基于上述考虑，我们在工作实践中，探索出"三结合"的科技推广运行方法。即：示范区建设和示范户培植相结合；项目过程实施和延伸拓展服务相结合；项目实施责任控制和科技资源开放式整合相结合。

示范区建设和示范户培植相结合。项目实施区内建立科技示范区，示范区内由相对集中连片科技示范方组成，做到技术规范和关键性措施基本统一；实施区内选择具有一定种植规模、较高生产水平的农户作为科技示范户，高标准建设科技示范方。将示范区建设和示范户培植有机结合，通过系统培训、技术指导和定向咨询服务，提升科技推广工作质量和实施效果。

【实践案例 11】

强化与科技示范户培植相结合 高标准推进示范板样建设

精细组织，合理布局，通过科技培训和技术指导，实现了示范户与示范田、示范方和示范区的有机融合。例如，2009 年如皋市常青镇国家农业综合开发高标准农田建设科技推广工作中，我们建成了百亩以上规模科技示范方 15 个，培植科技示范户 2852 个；建成高标准连片规模科技示范区 1 个，其核心区规模 800 亩，示范辐射区规模 5000 亩。图 4 – 17 为如皋市常青镇高标准农田建设科技示范区，图 4 – 18 ~ 图 4 – 20 为其示范方现场。

图 4 – 17　科技示范区（二）

图 4 – 18　科技示范方现场（一）

图 4 – 19　科技示范方现场（二）

图 4 – 20　科技示范方现场（三）

　　项目过程实施和延伸拓展服务（图 4 – 21）相结合。科技推广立项前，组织科技人员进行项目区农业生产情况的实地调研，针对产业发展的技术瓶颈确定科技推广项目，明确主导品种、主推技术和主体培训。项目按照计划要求，编制科技推广实施方案，实施以主导品种、主推技术和主体培训为主要内容的技术服务。科技推广不仅只限于项目验收、结报，在项目实施结束后及时将项目区纳入科教单位成果转化基地，与项目镇建立长期型科技合作关系，进行信息互动、定向指导和跟踪服务，有效发挥农业综合开发科技推广项目"启动子"功能，改变"速战式"的项目实施为"持久式"的效能发挥。

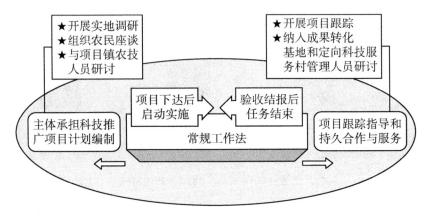

图 4 - 21　　"前伸后延"拓展式服务图示

【实践案例 12】

密切科技与生产结合以促进农业开发科技效应长久发挥

实施农业综合开发科技推广项目，使得科技与生产密切结合，江苏沿江地区农科所相继在农业综合开发项目镇建立不同专业类型的综合试验示范基地。这些基地主要有：海安县大公镇的高效蚕桑产业、优质稻麦产业，雅周镇的优质稻麦产业、设施果蔬产业；海门市悦来镇的优质油菜产业、优质果蔬产业，四甲镇的优质油菜产业、特粮特经产业；如东县大豫镇的特粮特经产业、优质果蔬产业，曹埠镇的优质稻麦产业、设施果蔬产业；启东市王鲍镇特粮特经产业；如皋市如城镇的花木产业，桃园镇的优质稻麦产业。例如，如皋市桃园镇相继承担了国家农业综合开发和省高沙土农业开发科技推广任务，该镇农业开发项目区现已成为江苏沿江地区农科所"麦－稻两熟制"稻田耕作与稻麦丰产增效综合试验示范基地，集成展示稻麦新品种、耕作新模式及新装备以及丰产增效新技术。图 4 - 22～图 4 - 25 为如皋市桃园镇稻麦综合试验示范基地开展科研成果集成示范展示情况。

图4-22　江苏沿江地区农科所
科技人员在基地开展技术服务

图4-23　基地内示范演示稻田
条带耕作多功能作业新型机械

图4-24　江苏沿江地区农科所在
基地组织新品种新技术现场观摩

图4-25　中央电视台第七频道记者
在基地考察稻田耕作新模式

项目实施责任控制和科技资源开放式整合相结合。农业综合开发科技推广涉及的产业类型多、关联部门多，涵盖栽培、植保、土肥等众多学科领域，除必须具有较高的业务能力和专业知识外，还需要了解农村实情、熟悉农民语言、掌握推广技巧。我们在科技推广项目实施过程中，打破了"封闭型""单一式"实施科技推广任务的格局，建立了相关部门有机联合、科技人才有效聚合、多类型项目集成融合的工作方式，推进科技资源的开放式整合。强化实施项目的科技推广单位与项目镇农业技术推广部门的联合，实现"专业化"和"本地化"人才的有机融合。根据项目实施的需要，有效地吸纳专业对口的操作能手和科技能人广泛参与到科技推广中来，实现项目实施的"规范性"和工作推进的"实效性"相统一。强化多类型农业科技项目在项目区内集聚，以实现"增强科技亮点"和"提升辐射普及面"的目标要求。

实践表明："三结合"的科技推广运行方法，有效实现了农业综合开发科技推广的效益提升和持续放大。

【实践案例 13】

国际花木盆景大师花汉民受邀走进项目区农民培训讲堂

花汉民先生虽是土生土长的如皋市如城镇人，却是一位闻名全国的盆景艺术家，享有国际盆景艺术大师、国际花卉博览会评委、全国劳模、享受国务院特殊津贴等称号。早在 1987 年 5 月，他应邀赴意大利罗马讲授盆景艺术，并作为中意文化交流的项目在罗马举办了个人盆景艺术展览，被誉为"盆景艺术大师"；在意大利佩夏举办的第 18 届国际花卉博览会，他为我国夺得一枚金牌；1988 年 3 月，在香港举行的花卉博览会上，他创作的盆景"绿荫深处"获冠军奖；1988 年 6 月，他在荷兰鹿特丹举办了中国盆景展；1988 年 8 月，代表中国在加拿大多伦多市参加万国博览会，并被加拿大法律允许盆景带土入境，这在加拿大尚属首例；1990 年夏，在日本大阪市举行的国际花卉博览会上，由他组织制作的"饱览人间春色"以其悬根露爪，古朴花老，造型奇特，以及"横空出世彩云间，鸟瞰千河万重山"的非凡气派，又一举获得国际金奖和博览会最高荣誉奖——国际优秀金奖。花汉民先生在花木盆景方面有着丰富的实践经验和深厚造诣。

如皋市如城镇 2006 年国家农业综合开发土地治理项目，涉及如城镇的钱长、大明、宗贷和光华 4 个村，开发任务为改造中低产田 2 万亩，重点发展产业为草坪、花卉和苗木。围绕产业发展要求，主要推广"高羊茅草坪""早熟禾草坪""黑麦草"草坪及其优质花木等 13 个优良品种，推广应用"草坪无土栽培技术""盆花穴盘育苗技术""多年生大树高枝嫁接技术"。为了高起点落实好科技推广任务，我们专程邀请花汉民先生逐村给项目区农民授课，起到了很好的培训效果。图4－26～图4－28为花汉民先生2007年3月在如城镇农业综合开发项目区给农民培训现场。图4－29为笔者与花汉民先生在农民培训结束后的合影。

图4－26　花汉民先生在如城镇大明村给农民讲课

图4－27　花汉民先生在如城光华村给农民讲课

图4－28　花汉民先生在如城镇宗岱村给农民讲课

图4－29　如城镇钱长村农民培训结束后，笔者与花汉民先生合影留念

【实践案例14】

葡萄大王接受邀请 跨县开展科技服务 讲解葡萄管理技术

南通市通州区曹海忠是远近比较闻名的葡萄种植能手，系江苏省葡萄协会副会长、通州区葡萄协会会长，南通市劳动模范，有"葡萄大王"之称。他创办有通州区海忠葡萄种植专业合作社和南通市奇园葡萄科技有限公司，奇园牌葡萄于2008年被江苏省农林

厅评为"江苏十大水果品牌",并连续多年获江苏省葡萄评比金奖,2010年获全国葡萄评比金奖。

我们在实施承担的海门市德胜镇2009年国家农业综合开发土地治理项目科技推广任务中,围绕高效农业发展要求,在金锁村实施了"葡萄T型架避雨栽培技术的推广"(项目编号为320684 – 2009 – 09)。在项目区内的金锁村21组、30~31组、34组等地,建立核心示范区400亩,推广"夕阳红""美国提子""夏黑"等葡萄品种,以及"葡萄T型架避雨栽培技术",旨在通过优质高产品种及T型架避雨栽培技术的推广应用,实现葡萄优质增效。在该项目实施过程中,我们邀请曹海忠到项目区为农民授课,并开展实地技术指导,有效地发挥了专业能手的技术专长。图4 – 30~图4 – 33为农民培训和技术传授现场。

图4 – 30 培训班授课

图4 – 31 现场讲解葡萄定植

图4 – 32 现场讲解葡萄株行距配置

图4 – 33 现场讲解精品葡萄管理

第四节　"两控制"协同推进的管理方法

我们在实施农业综合开发科技推广工作中，按照相关规定，每个科技推广项目需要安排不少于推广项目经费的30%作为生产资料补助。生产资料费主要用于购买建设示范田所需的种子、种苗、肥料、农药、薄膜的费用；用于建设示范田租用耕地当年的租赁费用的补助；用于项目区内较大面积推广种植新品种的种子、种苗补贴。

生产资料补助能够直接给项目区农户带来实惠，如何发放到位并能体现生产资料补助的实际效果，则是项目实施过程中的一大难点。为了有效发挥农业综合开发科技措施生产资料补贴的"利益驱动"作用，我们在科技推广实践中，建立并完善了绩效考评量化管理、利益驱动实名管理"两个控制"协同推进的管理方法。

绩效考评量化管理。在农业综合开发科技推广过程中，对获取生产资料补贴的示范区农户和示范户，考评其参与培训情况、培训效果、示范田建设质量及示范带动规模等。考评结果作为农业综合开发科技推广生产资料补贴的主要依据，对于全程参与培训、品种与技术示范到位的农户，按照推广计划和相关标准足量补助到位。

利益驱动实名管理。对农户获取生产资料补贴、参与科技培训等情况进行实名制监管，要求农户本人到场签名，并如实填写联系方式，便于相关信息的核查和定向联系。

为了把科技推广任务的各个环节落实到位，我们在推广工作实践中，发明了培训券、农资券"两券对接、实名控制"多重监督管理方法。

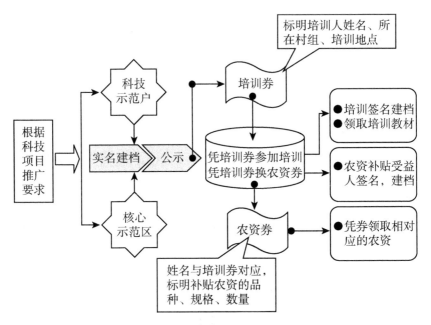

图 4－34　两券对接实名控制的流程

该方法在操作上有以下 6 个方面的具体流程（图 4－34）：①相关信息的建档、公示。根据科技推广要求，由推广项目组和项目村共同商定示范户培植和示范区建设方案，将拟确定的示范户和示范区内所涉及的农户，按农户姓名、年龄、文化程度、农田面积和种植作物类型、电话等信息，建立档案并进行公示。待查实并公示无异议后，正式确定为科技推广的示范户和示范区。②制作培训券和农资券。对被确定为示范户和示范区的农户，制作培训券和农资券。培训券和农资券采取"序号管理"，做到"一一对接"。培训券标明培训人姓名、所在村组和培训时间、地点等，农资券上标明姓名、所在村组（与同一序号的培训券上一致）和补贴农资的品名、规格和数量。③发放培训券。由项目村的村组干部在通知科技培训具体事项时，将培训券在培训之前发放到具体的相关人员。

④凭培训券到位培训。示范户和示范区的农户凭培训券按通知的时间、地点参加培训，并在现场进行培训签名，同时领取培训教材和相关资料，参加科技培训（图4-35）。⑤兑换农资券。培训结束时，培训会议现场凭培训券兑换农资券（图4-36），并在农资补助表中现场签名建档，同时进一步核实电话号码。⑥凭农资券换取农资实物（图4-37）。

"两券对接、实名控制"多重监管方法的推进，既确保了生产资料补助的真实性，又能较好地发挥其效果。

【实践案例15】

一种源自实践并能较好地实现有序控制的绩效管理方法

生产资料费在农业综合开发科技推广项目资金占比中，具有较大比重（不少于30%），如何安排合理、落实到位，一直是难以破解的工作难题。单纯由科技推广团队掌控使用，对项目区具体的农户情况不熟，难以有效执行。单纯由项目村组安排，不少地方对经费使用政策的严肃性认识不到位，易出现生产资料补助程序不严谨、发放手续不全等现象，甚至会出现造假现象。我们在从事农业综合开发科技推广的实践中，经历过一些经验甚至是教训之后，逐步完善起来培训券、农资券"两券对接、实名控制"多重监督管理方法，通过程序化、模式化的工作流程有效规范了科技推广团队、项目村组的职责，实现了相互监管与控制，确保了科技推广工作的各个环节公开、透明，各项任务落到实处。在推行"两券对接、实名控制"之前，尽管我们也严格把关，认真监管，但是生产资料补助涉及的环节多，需要二次整改并加以规范的科技推广项目达到36%，在整改项目中生产资料补助农户不实率达到15%~48%（科技推广项目之间存在较大差异），而且有些地方还造成了社会矛盾。推行"两券对接、实名控制"之后，基本上无须进行生产资料补助档案资料二次整改，科技培训、示范方建设、生产资料补助等各项工作实实在在，科技推广效应得到了充分体现。图 4 - 38 为科技推广生产资料补助集中发放现场。

图 4 - 35　参加培训农民在培训开始前，凭培训券签名并领取培训教材（如皋市东陈镇项目区，2014 年 12 月）

图 4 - 36　参加培训农民在培训结束后，凭培训券换取农资券（海安县大公镇项目区，2011 年 8 月）

图 4 - 37　参加培训农民在培训结束后，凭农资券领取补助的生产资料（如皋市城北街道项目区，2015 年 7 月）

图 4 - 38　科技推广生产资料补助集中发放现场（如东县袁庄镇项目区，2010 年 4 月）

第五章 科技推广保障体系的创新

【本章提要】农业综合开发科技推广是一项综合性强的系统工程，需要有完备的保障体系与之相配套。我们在实施农业综合开发科技推广的实践过程中，实现了产业需求整体化设计目标体系、产学研推一体化推进支撑体系、行政推动产业化联动协同体系三方面的创新。

产业需求整体化设计目标体系：围绕南通市旱粮区、稻作区、果蔬区和蚕桑区制约产业发展和丰产、增效的关键障碍，明确了应构建的主导性技术体系及重点推广关键技术，实现科技推广项目的"品种、技术和培训"三方面措施整体式安排。产学研推一体化推进支撑体系：针对制约产业发展的重点环节和影响农田增效的关键障碍，加强适用、对路的科技成果研发、筛选和集成配套，综合提升农民科技文化素质，构建产学研推一体化推进模式。行政推动产业化联动协同体系：强化"综合开发"科技支撑效能，规范"四方合力"责任服务意识，构建"科企合作"联动推进模式。

第一节 产业需求整体化设计目标体系

加强科学研究和调查分析，明确区域主导产业及其制约产业发展的技术瓶颈，根据先进成熟技术特点进行遴选、评价，注重论证分析和评估环节，做到产业发展目标及区域化布局的宏观决策与科技推广中主导品种、主推技术和主体培训等微观措施有机统一，以保障科技推广与产业发展的有效对接，增强农业综合开发科技措施的针对性。

一、南通农业资源特点与农业主导产业

南通市处于江苏省东南沿海地域、万里长江入海地带，位于长江下游沿江北侧。南通市东濒黄海，南临长江，西靠泰州，北接盐城，与上海、苏州隔江相望。地理坐标北纬 31°41′06″ ~ 32°42′44″，东经 120°11′47″ ~ 121°54′33″。行政所辖启东、海门、通州、如东、海安和如皋六个农业县（市区）。

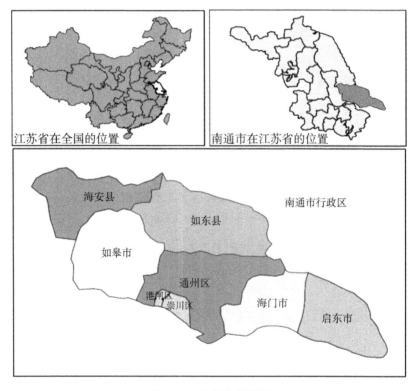

江苏省在全国的位置

南通市在江苏省的位置

图5-1 南通市行政区

（1）气候资源。属北亚热带湿润性气候区，年平均气温 14.0 ~

15.1℃，全年气温稳定在10℃以上的天数为220~230天，无霜期226天，年平均日照2100~2200小时，年平均降水1000~1100毫米，四季分明，雨水充沛。全年多东南风，夏秋两季多受热带风暴影响，年蒸发量875毫米，雨热同季，夏季雨量占全年降雨量的40%~50%，日照充足，耕作期长，适合多种植物繁衍生长。

（2）水资源。长江是南通市最主要的河流，境内长江水域约642平方公里，长163公里、宽5~10公里，年均径流量约1万亿立方米。长江南通河段为感潮河段，水位受潮汐和长江径流的影响，平均高潮位3.67米，平均低潮位1.91米，最高潮位达7.08米。市域境内河网纵横交错。内河拥有一级河12条，长743公里；二级河105条，长1760公里；三级河1066条，长4934公里。

（3）地形与土壤。南通市位于江海交汇处，是由长江北岸的古沙嘴不断发育、合并若干沙洲而成，属于长江下游冲积平原。全境地域轮廓东西向长于南北向，三面环水，一面靠陆，呈不规则菱形状。地势低平，地表起伏甚微，自西北向东南略有倾斜，海拔一般在2.0~6.5米。土壤是以长江冲击物为主的江海沉积物，土壤类型主要有水稻土、潮土和滨海盐土。

（4）土地资源。南通土地总面积1580.2万亩，人均土地面积2.1亩，低于江苏的全省平均水平。其中，农用地926.1万亩，占土地总面积的58.5%；建设用地252.2万亩，占土地总面积的16.0%；其他土地401.9万亩，占土地总面积的25.5%。沿海岸线长206公里，每年可淤涨部分土地，后备资源相对充裕。

（5）南通农业及其主导产业。南通市素有精耕细作传统，农田复种指数高，土地产出率高，形成了"东南区旱作、西北区稻作"的具有鲜明地域特点、现代农作制特征的农田生产布局。启东市、海门市、通州区中东部、如东县东部等为典型的旱作区；如皋市、海安县、如东中西部、通州区中西部为典型的稻作区。旱作区夏熟作物主要有油菜、蚕豆、大麦等，秋熟作物主要有大豆、玉米及杂粮杂豆等，以春玉米为中心的多元多熟种植制是旱作区最为典型的种植制度。稻作区夏熟作物主要是小麦、油菜等，秋熟作物主要是水稻，"麦－稻"两熟制是稻作区最为主要的种植制度。

旱作区、稻作区内，果树蔬菜产业、蚕桑产业有机融合，构建出南通现代农业产业具有鲜明的区域特色。

优质粮油生产水平较高。南通市是优质粳稻、优质专用小麦和优质油菜的主要产地，单产水平高。其中，水稻有沿江稻区、沿海稻区和里下河稻区三大稻区，沿江稻区以"早熟晚粳类型"为主、沿海稻区和里下河稻区以"迟熟晚粳类型"为主，小麦有沿江优质弱筋麦区、沿江沿海优质中筋麦区和里下河中筋麦区三大麦区，稻麦单产水平均位居江苏全省前列，稻麦周年单产 1023.1 千克/亩（其中水稻633.7 千克/亩、小麦389.4 千克/亩，2013 年），时为长三角 GDP 超 4000 亿地级市中唯一实现稻麦亩产吨粮的市；油菜有沿江、沿海双低油菜产区，生产水平处于全国、全省领先地位，种植面积157.5 万亩、单产208.8 千克/亩（2013 年），单产比江苏全省平均高22.8 千克/亩，比全国平均高81.8 千克/亩。

特粮特经具有较大规模。以青蚕豆、青玉米、青毛豆、青豌豆等为重点的四青作物、杂粮杂豆等特粮特经生产，通过间套复种、品种筛选、模式优化和产业化开发等途径的综合配套，已成为推进种植结构调整和促进农田增效、农民增收和农村繁荣的重点抓手。

优质果蔬产业快速发展。依托靠江、靠海、靠上海的区域优势，以构建菜篮子、果盘子产品绿色果蔬生产"三大基地"得到快速发展。即以规模农业园区为载体，带动产业升级、增加农民收入为目的的高效设施果蔬生产基地；以拓展蔬菜出口贸易、扩大农民劳动就业为目的的加工出口蔬菜生产基地；以满足市域范围内城乡居民日常消费需求为目的的永久性果蔬保供基地。随着设施农业的推进，设施蔬菜面积达 86.2 万亩（2013 年），占设施农业面积的 76.3%。

蚕桑产业形成区域特色。南通是著名的"中国湖桑之乡"。《特色农产品区域布局规划（2013—2020 年）》明确提出，江苏南通所辖的县（市区）全部纳入特色纤维（蚕桑）产品优势区。南通蚕桑生产水平高，茧丝质量好，茧丝加工需求量大，是我国最具影响的蚕桑传统种植区之一。

二、支撑产业发展的主推技术体系设计

围绕旱粮区、稻作区、果蔬区和蚕桑区制约丰产、增效的关键障碍，明确了应着力构建的主导性技术体系（图 5-2），以及应重点推广的关键性技术。

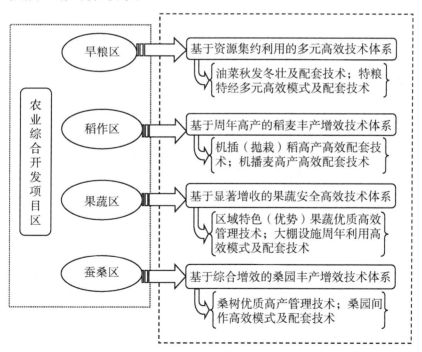

图 5-2　农田区域类型主导性技术体系

旱粮区，建立以资源集约利用为目标的多元高效技术体系。围绕制约优质油菜、特粮特经等产业发展中的生产难题，重点突出"油菜秋发冬壮高产栽培及其配套技术""特粮特经多元多熟种植高效模式及其配套技术"的普及推广，根据项目区产业特色和具体技术需求，集成配套优良品种、先进适用技术和种植模式。

稻作区，建立以周年协调高产为目标的稻麦丰产增效技术体系。围绕制约优质粳稻、专用小麦等优质稻麦产业发展的生产难题，重点突出"水稻机插（抛栽）等轻简化丰产增效种植及其配套技术""小麦机械条播（匀播）丰产增效种植及其配套技术"的普及推广，根据项目区生产条件和具体技术需求，集成配套优良品种、先进适用技术和新型机械装备与配套工艺。

果蔬区，建立以农田显著增效、农民显著增收为目标的高品质果蔬安全高效技术体系。重点突破"葡萄设施栽培""芦笋全程覆盖栽培""草莓、榨菜、大葱等区域特色（优势）果蔬优质高效栽培""大棚设施周年利用高效模式及其配套技术"的普及推广，根据项目区产业特色和具体技术需求，集成配套优良品种、先进适用技术和种植模式。

蚕桑区，建立以多元综合增效为目标的桑园丰产高效技术体系。重点突破"桑树优质高产管理技术""桑园秋冬季间作高效模式及其配套技术"的普及推广，根据项目区产业特色和具体技术需求，集成配套优良品种、适用的间作模式与配套技术。

三、推广措施的"整体式"设计与安排

农业综合开发科技推广主要包括主导品种、主推技术和主体培训3个方面的措施内容，每个科技推广项目也均按照这3个方面内容进行设计。对于特定项目区，分别安排相对独立的若干个科技推广项目，科技推广项目的多少根据项目区的建设规模和科技措施资金投入量而定。科技推广项目设计，必须是能够切合项目区主导产业发展的实际需求，项目之间要做到内容不重复、措施不重叠，但相互间能有机融合，在促进相关产业协调发展、提升产业层次方面互为补充、互为强化，以有效发挥其科技效能。

对于单个科技推广项目而言，所确定的主导品种和主推技术，必须是可操作性强、农民易于接受、技术成熟的科技新成果，品种、技术和培训等措施安排上，要体现"整体式"设计要求。

主导品种确定上，强调"高产、优质、多抗"等目标的相互协调，重点选择近3～4年来通过品种审定（鉴定或认定）、适宜项目区推广应用的优良品种，要体现与"产业发展""农业增效"相对路的基本原则。例如，在旱粮区为促进四青作物产业发展、需要更新鲜食蚕豆品种时，应该选用"大粒型"、适于采收鲜荚的蚕豆新品种；在稻作区为促进弱筋或中筋等"专用小麦"产业发展、需要更新小麦品种时，应该选用春性类型的"弱筋小麦"（沿江优质弱筋麦区）或是"中筋小麦"（里下河中筋麦区）品种，并注重新品种的丰产稳产性、抗倒伏和抗重点性病虫等特性。

主推技术确定上，突出高产、优质、安全、高效、生态等目标的协调，较好体现与所推广的主导品种优良特性的发挥，实现良种良法紧密结合。例如，在旱粮区为促进鲜食蚕豆发展时，应该设计"鲜食蚕豆优质高产栽培"为主推技术，从适期播种、行株距配置、田间沟系配套、肥料施用、植株管理和病虫害防控等方面予以规范和统一，以有效地发挥"大粒型"蚕豆优良特性、促进其丰产增效；在稻作区为促进"弱筋小麦"发展时，应该设计"弱筋小麦品质调优栽培"为主推技术，从适期早播、适当增加基本苗、氮肥减量并前移施用等关键性环节上予以规范，并在秸秆全量还田、田间沟系配套、病虫草害控防等方面予以配套，以有效地发挥"弱筋型"小麦品种的特性，确保其优良品质、稳定的产量和较高的收益。

主体培训确定上，突出主导品种、主推技术的示范推广而开展的应用性培训，目的是让项目区的农民（尤其是科技示范户）掌握优良品种的栽培特性和先进栽培技术的管理要点，有效提升良种与良法的效果。通常按"新品种的特征特性和栽培要点""新技术的技术特征及其关键技术环节"和"良种良法相结合的丰产增效配套措施"等相关内容，设置 3~4 个专题，按具体作物的农时季节和生产管理需要开展培训。

第二节　产学研推一体化推进支撑体系

农业综合开发科技推广所涉及的新品种、新技术，均应符合项目区产业发展要求、能够有效解决现代农业生产的实际问题的科技成果，必须是成熟的、适用的。针对制约产业发展的重点环节和影响农田增效的关键障碍，加强适用、对路的科技成果研发、筛选和集成配套，综合提升农民的科技文化素质，构建产学研推一体化的推进模式，为农业综合开发科技推广提供有效的支撑与保障。

一、推进农业科技攻关，研发创新对路成果

农作物新品种、新技术在生产上运用，具有很强的区域性和针对性。必须是与温、光、水、土等自然资源和环境条件相匹配，与区域农作制度相融合，与经济水平、经营模式、技术能力等相配套。所推广应用的新品种、新技术，要能够较好地体现"高产、优质、高效、生态、安全"等效果，这些在不同的时期、地域、作物上所体现的重点和目标任务则有所不同。例如，与全国其他地区一样，南通种植业结构在近三十多年的发展过程中经历过不断调整［缩棉→扩粮（油）→扩果蔬等］、优化（追求高产再高产→高产优质协调→丰产增效生态协同等）的过程，南通现代农业发展在不断取得成效的同时，也面临着诸多的新矛盾和新问题。所面临的矛

盾和问题突出表现在以下方面：一是粮食安全保障难度越来越大，必须依靠科技创新挖掘作物丰产增效潜力；二是农村劳动力持续性大量转移，必须依靠科技创新推进农业生产方式转变；三是资源约束和生态负荷日益加重，必须依靠科技创新构建资源节约型和环境友好型生产技术体系；四是农产品质量安全关注程度提升，必须依靠科技创新实现农产品安全生产；五是农产品自然市场风险频发，必须依靠科技创新实现农业产业安全发展；六是新型农业经营主体不断涌现，必须依靠科技创新满足适合规模化经营的品种、模式和技术。因此，精准对接区域现代农业发展的科技需求，组织重点攻关和科技创新，有效夯实农田丰产、农业增效、农民增收和农村繁荣的科技支撑基础。

我们依托地（市）级农业科研单位的科研力量和研发优势，以区域现代农业产业需求为导向，以破解制约现代农业发展中的问题为要求，以突破关键性环节和重点性技术为目标，长期性地承担国家、省（部）和市（院）等各级各类科技攻关、自主创新项目，持续推进应用基础研究、应用性研究方面取得新进展、新积累。在科技攻关和科技创新方面取得进展的领域主要有：一是种源技术，加强区域名特优种质资源保护、挖掘和利用；二是丰产技术，突破持续高产的良田良种良法配套、耕作与栽培技术；三是规模生产与装备技术，突破规模化生产的新型机械与装备、农机与农艺结合等技术；四是生物技术，重点是培育优质、高产、多抗的作物新品种；五是设施农业技术，突破设施土壤持续利用、病虫害生物防治、设施环境智能调控等技术；六是循环低碳技术，突破农田生物结构合理配置、化肥农药减量、温室气体和风险性资源减排、秸秆等废弃物资源化等技术。

二、建立示范展示平台，筛选优化适用成果

仅依靠所属地域的农业科研单位研发的自主创新成果，不可能满足区域农业产业发展和农业生产的科技需求，必须对域外研发的新品种、先进技术进行引进筛选和评价利用。在这项工作的开展过程中，严格遵循"引进试验→评价分析→多点验证→示范展示"的工作流程，通过有效利用各种类型的作物品种的区域试验和生产试验点、试验示范展示基地，新技术、新模式、新装备等综合试验示范基地，有针对性地开展新品种筛选与示范展示、新技术遴选与集成优化。对于新品种，重点进行适宜性、丰产性、优质性和产量抗性稳定性等方面的比较与示范验证，对于新技术，重点进行生态相宜性、经济有利性、生态合理性、农民易接受性和生产可操作性等方面的评价与集成优化。

三、整合科普教育资源，提升农民综合素质

随着新农村建设的推进，借助农业职业学院（校）、县级农业培训学校等教学资源与师资优势，各种类型、多种形式的农民科技普及培训、专业能力与技能提升培训、新型农业经营主体专项培训等广泛普及，对全面提升科技文化素质、提高科学种田水平发挥着重要的作用。结合各项类型科技培训计划的落实，"送科技下乡""精准帮扶"等活动的开展，"江苏省农业三新工程""江苏省挂县强农富民工程""中央财政农业技术推广"等项目的实施，进一步强化农业综合开发科技培训工作的特色和质量，紧密结合专业合作社、家庭农场等新型农业经营主体快速发展的实际，以提高农业综合开发科技项目的实施质量、增强主导品种和主推技术应用效果、提升农民培训实际效果为目标，在课件设计、现场演示和信息互动方面谋求突破与创新，从而确保培训的质量标准。

第三节　行政推动产业化推进协同体系

一、强化"综合开发"科技支撑效能

　　农业综合开发土地治理项目，实现了由"中低产田改造"向"高标准农田建设"的任务目标转变，其特色是围绕农田的改造，实现沟、渠、田、林、路的综合配套。高标准农田则要求做到灌排设施配套、土地平整肥沃、田间道路畅通、农田林网健全、生产方式先进、产出效益较高。要达到上述建设要求，科技措施至关重要。在工作实践中，南通市、县两级农业资源开发管理部门高度重视农业综合开发科技推广工作，将科技措施视为与水利、田间道路工程、林业和农业等措施同等重要，根据项目区的产业发展需求和制约农田丰产增效的障碍因素，足量安排农业综合开发科技措施资金，积极创新科技措施的管理模式，择优落实科技推广单位，不断总结提炼工作中的好经验和成功做法并普及推广，有效发挥了科技在农业综合开发土地治理过程中的支撑作用。

二、规范"四方合力"责任服务意识

　　农业综合开发工作的项目实施期短、工程建设任务重，涉及具体项目镇没有专设的职能部门，而承担科技措施的科研（教学）单位又没有行政推动责权，使得农业综合开发科技推广实施过程中存在着诸多难点。而科技推广作为农业综合开发项目一部分，隶属国家、省等财政涉农项目。管理方面有以下严格要求：一是计划性强，需要按照报批的科技推广方案不折不扣地做好实施；二是政策性强，需要严格按照预算、对照资金管理办法使用；三是规范性强，参与项目验收和审计的层级多，难免做到在某些细节问题上"口径"与"要求"的完全一致，需要准确把握政策并做好整改。在具体工作实践中，科技推广涵盖的范围广、关联的部门与环节多，更需要多方协同、共同努力，才能达到规范性和高效性相统一的目标。在项目实施过程中，注重关联部门的密切联系，强化科技推广实施单位与项目县业务管理部门、项目镇农业技术服务部门和项目村组干部"四方"的信息互动和紧密合作，规范在推进农业综合开发科技推广工作中各自的职责和义务，确立"展示农业综合开发项目区良好形象"的责任意识、服务意识和全局意识，通过"四方合力"有效推进科技推广工作开展。

三、构建"科企合作"联动推进模式

农业综合开发土地治理项目区，必须以明晰的农业主导产业发展为目标，以产业发展需求为基础对建设内容加以规划与设计。工作实践中，我们根据相关产业发展需要，按照"种植模式优化－优良品种运用－优质高效栽培－系列产品研发"进行全产业链的方案设计，科技推广工作重点突破农田种植部分"种植模式""优良品种"和"优质高效栽培"3个技术环节，有效实现了科技推广与产业发展的"无缝式"对接，很好地破解了"田间产品找出路"与"农业企业缺原料"相互脱节的现实难题。在推进特粮特菜产业发展的科技推广过程中，我们广泛联系、紧密联合了相关的加工企业、专业合作社和家庭农场，将其作为"科技示范区"建设中的示范主体，与项目区农民建立"订单式"产销合作关系。借助农业综合开发科技推广平台，帮助包括企业、合作社和家庭农场等新型农业经营主体，建立核心型优质农产品种植基地，形成了项目区内主导产业"基地核心化建设、质量标准化控制、产品品牌化销售"的良好发展模式。

第六章　南通科技推广项目的实施

【本章提要】以承担 2004 年如皋市国家农业综合开发土地治理增量项目科技措施（创新试点）为起始，2004—2016 年的十三年，我们累计承担国家农业综合开发科技推广（随项目下达至县由县组织实施）、省级高沙土农业综合开发科技推广和县级高标准农田建设科技推广等任务，组织实施技术推广委托服务协议和科技推广项目累计 490 个，获得科技推广（技术委托服务）合同经费 3220.65 万元。

按项目来源：承担实施国家农业综合开发科技推广项目 423 个、合同经费 2765.95 万元，省级高沙土农业综合开发科技推广项目 58 个、合同经费 397.70 万元，县级高标准农田建设科技推广项目 9 个、合同经费 57.00 万元。按项目实施县（市区）：承担实施如皋市项目 185 个、合同经费 1222.14 万元，海安县项目 91 个、合同经费 556.81 万元，如东县项目 61 个、合同经费 429.32 万元，海门市项目 62 个、合同经费 422.30 万元，通州区项目 49 个、合同经费 350.68 万元，启东市项目 35 个、合同经费 239.40 万元。

第一节　承担南通科技推广项目概况

以试点 2004 年如皋市国家农业综合开发土地治理增量项目科技措施（2014 年）开始，至 2015 年海门、如皋、海门、启东国家农业综合开发科技推广项目验收结题（2016 年）为止，牵头承担的南通农业综合开发土地治理项目科技推广任务,历经整整十三年。十三年间,累计实施国家农业综合开发科技推广(随项目下达到县土地治理项目科技推广任务)、省级高沙土农业综合开发科技推广和县级高标准农田建设科技推广等项目 490 个,获科技推广(技术委托)合同经费 3220.65 万元。2008 年 3 月 21 日,江苏省农业资源开发局、江苏省财政厅制定并发布《江苏省农业综合开发土地治理项目科技推广经费管理暂行办法》(苏农开土〔2008〕5 号、苏财农发〔2008〕14 号,以下简称《管理暂行办法》)。我们以执行该《管理暂行办法》为界限,将农业综合开发科技推广工作划分为"探索试行"和"规范提升"两个阶段。

执行该《管理暂行办法》之前的 2004—2007 年农业综合开发科技推广,根据项目区产业需求,以项目区为单元,进行主导品种、主推技术和主体培训 3 个方面科技措施的统筹安排,此阶段称为科技推广工作探索试行阶段。我们以如皋市 2004 年国家农业综合开发土地治理增量项目为试点进行科技推广工作创新,2005 年将创新成果扩大范围试行并进一步规范,2006—2007 年在南通市所辖的六县(市)全面运用。我们在探索试行阶段的四年间,累计完成技术委托服务任务 14 个,合同经费 679.82 万元。其中,牵头实施的国家农业综合开发科技推广任务,涉及 31 个项目镇(乡),签订技术委托服务合同 20 个,合同经费 578.65 万元;牵头实施的省级高沙土农业综合开发科技推广任务,涉及 10 个项目镇(乡),签订技术委托服务任务合同 4 个,合同经费 101.17 万元。

执行该《管理暂行办法》之后的 2008—2015 年农业综合开发科技推广,根据项目区产业需求,把项目区科技措施编制成若干个科技推广项目,单个项目安排资金 5 万元左右(大多介于 4.5 万~6.5 万元),按项目明确负责人,分别编号、编制推广计划、制订实施方案、签订合同、组织实施,并按单个项目单独进行验收,此阶段称为科技推广工作规范提升阶段。我们在规范提升阶段的八年间，累计承担科技推广项目 466 项，获科技推广合同经费 2540.83万元。其中，牵头实施的国家农业综合开发科技推广任务，涉及 60个项目镇（乡），累计承担科技推广项目 403 个，项目合同经费2187.30 万元；牵头实施的省级高沙土农业综合开发科技推广任务，涉及 12 个项目镇（乡），累计承担科技推广项目 54 个，项目合同经费 296.53 万元；牵头实施的县级高标准农田建设科技推广任务，涉及 6 个项目镇（乡），累计承担科技推广项目 9 个，项目合同经费 57.00 万元。

第二节 探索试行阶段科技推广任务

一、探索试点阶段承担的科技推广任务

如皋市 2004 年国家农业综合开发土地治理增量项目科技推广，涉及九华镇丝渔、营防、四圩、耿扇、营西，长江镇永平、平南、永平闸共 8 个行政村。项目区规模 2.5 万亩，合同经费 54 万元。计划要求：推广"武粳 13 号""华粳 1 号""武粳 15 号"3 个水稻品种；推广"水稻塑盘旱育抛栽技术""水稻直播轻型高效种植技术""优质稻精确化施肥及无公害生产控制技术"3 项技术；科技培训 2082 人次。

二、试行完善阶段承担的科技推广任务

1. 2005 年科技推广任务

承担如皋、海安、如东三县（市）国家农业开发和如皋、海安两县（市）省级高沙土开发科技推广工作。

如皋市国家农业开发科技推广，涉及九华镇马桥村和长江镇镇龙村，项目区规模 0.89 万亩，合同经费 8.4 万元。计划要求：推广"镇稻 99""武粳 15"和"华粳 4 号"3 个水稻品种；推广"水

稻直播种植技术""优质稻精确化施肥及无公害生产控制技术"和"弱筋小麦品质调优高产栽培技术"3项技术;科技培训1750人次。

海安县国家农业开发科技推广,涉及角斜镇双龙村、来南村和汤灶村,项目区规模1.6万亩,合同经费17万元。计划要求:推广"扬粳9538""盐粳9号"水稻,"扬麦13"小麦,"四季苔韭"韭黄4个品种;推广"水稻肥床旱育稀植高产高效技术""优质稻精确化施肥及无公害生产控制技术""弱筋小麦品质调优高产栽培技术"和"韭黄无公害生产技术"4项技术;科技培训1200人次。

如东县国家农业开发科技推广,涉及丰利镇兴东村和洋口镇耿庄村、浒路村,项目区规模2.5万亩,合同经费29.8万元。计划要求:推广"武香粳14""武粳15"和"宁粳1号"水稻,"扬麦13""扬麦16"小麦5个品种;推广"水稻肥床旱育稀植高产高效技术""优质稻精确施肥及其无公害生产控制技术"和"弱筋、中筋小麦品质调优高产栽培技术"3项技术;科技培训2300人次。

如皋市省级高沙土开发科技推广,涉及林梓镇文注村、林梓居委会,桃园镇桃北村、桃林村,如城镇十里村,袁桥镇野林村,石庄镇石南村和洪岗村,项目区规模2.5万亩,合同经费22.5万元。计划要求:推广"武香粳14""武粳15"水稻,"扬麦13"小麦,"秦优7号"油菜4个品种;推广"水稻塑盘旱育抛栽技术""优质稻精确化施肥及其无公害生产控制技术"和"弱筋小麦品质调优高产栽培技术"3项技术;科技培训3600人次。

海安县省级高沙土开发科技推广,涉及胡集镇拥徐村,项目区规模0.5万亩,合同经费6.0万元。计划要求:推广"扬粳9538""盐粳9号"水稻,"宁麦9号"小麦3个品种;推广"水稻塑盘旱育抛栽高产高效技术""优质稻精确化施肥及农药科学使用无公害生产技术"和"弱筋小麦品质调优高产栽培技术"3 项技术；科技培训 1200 人次。

2. 2006 年科技推广任务

承担如皋、海安、如东、海门、通州和启东六县（市）国家农业开发和如皋市省级高沙土开发科技推广工作。

如皋市国家农业开发科技推广，包括如城项目区和长江项目区，合同经费 57.6 万元。①如城项目区。涉及如城镇钱长村、大明村、宗岱村和光华村。计划要求：推广"绿城""猎狗五号""南方之星""新秀""蓝色骑士"和"绅士"等草坪品种，"挪威槭""红叶石楠""常绿六道木""金叶女贞""矮牵牛""羽衣甘蓝""郁金香"苗木品种，规模 0.81 万亩；推广"无土草坪栽培技术""盆花穴盘育苗技术"和"大树高枝嫁接技术"3 项技术，规模 0.075 万亩；科技培训 1530 人次。②长江项目区。涉及长江镇永福村和三洞口村。计划要求：推广"武粳 15""武香粳 14 号"水稻，"扬麦 13"小麦 3 个品种，规模 0.85 万亩；推广"水稻直播轻简栽培高产高效技术""水稻精确化施肥及无公害生产控制技术""弱筋小麦品质调优高产栽培技术"和"旱作田多元种植模式及其配套技术"4 项技术，规模 1.94 万亩；科技培训 1400 人次。

海安县国家农业开发科技推广，包括曲塘项目区和大公项目区，合同经费 30.1 万元。①曲塘项目区。涉及曲塘镇刘圩村、郭楼村、罗町村、群贤村和中桥村。计划要求：推广"扬粳 9538""盐粳 9 号"水稻，"育 71－1"桑树，蝴蝶兰系列高档花卉品种，品种应用覆盖率 85%；推广"水稻塑盘旱育抛栽（或机插）高产高效技术""水稻精确化施肥及无公害生产控制技术""优质桑园高产高效生产技术"和"蝴蝶兰等高档花卉作物繁育与标准化管理技术"4 项技术，技术应用覆盖率 85%；科技培训 1000 人次。
②大公项目区。涉及大公镇群益村、早稼村。计划要求：推广"盐粳 9 号"水稻，"宁麦 9 号"小麦和"育 71－1"桑树 3 个品种，推广规模 0.8 万亩；推广"水稻塑盘旱育抛栽（或机插）高产高效技术""水稻精确化施肥及无公害生产控制技术""弱筋小麦品质调优高产栽培技术"和"优质桑园高产高效生产技术"4 项技术，技术应用覆盖率 85%；科技培训 800 人次。

如东县国家农业开发科技推广，涉及掘港镇江庄村、马塘镇许路村和丰利镇环堤村，合同经费 16.72 万元。计划要求：推广"宁粳 1 号""武粳 15"水稻，"扬麦 13""扬麦 16"小麦 4 个品种，规模 1.6 万亩；推广"水稻肥床旱育稀植高产高效技术""优质稻精确化施肥及无公害生产控制技术""弱筋、中筋小麦品质调优高产栽培技术"3 项技术，规模 0.45 万亩；科技培训 1500 人次。

海门市国家农业开发科技推广，涉及正余镇、东灶港镇和包场镇，合同经费 32.70 万元。计划要求：推广"小寒王"毛豆、"苏玉糯 1 号"糯玉米，以及津研系列黄瓜、海蜜系列甜瓜、羽衣甘蓝、球生菜、青花菜、青椒等品种，规模 0.79 万亩；推广"蔬菜保护地栽培技术"，规模 0.75 万亩；科技培训 360 人次。

通州市国家农业开发科技推广，涉及新联镇、刘桥镇和海晏镇，合同经费 67.40 万元。计划要求：推广"日本小白花"荷仁豆、"日本初绿"地刀豆、"陵西 1 寸"蚕豆、"成功 2 号"青花菜、"台湾 75"毛豆及日本香葱等蔬菜，"鲁棉 15 号""科棉 3 号"和"中棉 29 号"棉花等品种，规模 1.0 万亩；推广"棉花无土育苗技术""棉花无土移栽技术""棉花无土移栽大田配套管理技术"和"棉花冬瓜套夹种技术"4 项技术，规模 1.5 万亩；科技培训2880 人次。

启东市国家农业开发科技推广，涉及久隆镇和王鲍镇，合同经费 29.90 万元。计划要求：推广"陵西 1 寸"蚕豆，"天鹅 1 号""台湾华珍""旱生白鸟"毛豆，"蓝狐"刀豆，"甜豌豆""中豌 4 号""中豌 5 号""中豌 6 号"豌豆，"京欣 1 号"西瓜等品种，规模 1.15 万亩；推广"四青作物无公害栽培技术"，规模 0.9 万亩；科技培训 551 人次。

如皋市省级高沙土开发科技推广，涉及磨头镇、袁桥镇和江安镇，合同经费 49.27 万元。计划要求：推广"武香粳 14 号""武粳 15"水稻，"扬麦 13"小麦，"史力丰"油菜，"泰花 2 号"花生，"宝交""美国 6 号""美国 8 号""BF-5"草莓，"绿带子""山水"青花菜，"5991""81-6"青刀豆等品种，规模 1.62 万亩；推广"弱筋小麦品质调优高产栽培技术""油菜优质高效栽培技术""水稻轻简栽培高产高效栽培技术""旱作田多元种植模式及其配套技术""设施栽培持续超高效种植关键配套技术""粮经果菜复合多元高效种植模式及多熟接茬技术"和"主要蔬菜、特粮作物无公害标准化种植技术"7 项技术，规模 1.93 万亩；科技培训 3642 人次。

3.2007 年科技推广任务

承担如皋、海安、如东、海门、通州和启东六县（市）国家农业开发和如皋市省级高沙土开发科技推广工作。

如皋市国家农业开发科技推广，涉及雪岸镇雪洪村、雪岸居，丁堰镇皋南村，如城镇安定村、建设村、龙游河村，合同经费 43.14 万元。计划要求：推广"育 71-1"桑树，桂花、紫薇等苗木品种，规模 0.57 万亩；推广"蔬菜优质无公害标准化生产技术""花卉嫩枝扦插及嫁接技术""优质桑园高产高效生产技术""水稻高产优质精确定量栽培技术"和"弱筋小麦品质调优高产栽培技术"5 项技术，规模 1.47 万亩；科技培训 3690 人次。

海安县国家农业开发科技推广，涉及老坝港镇顾陶村、南莫镇黄陈村和白甸镇官垯村，合同经费 33.21 万元。计划要求：推广"苏棉 21""科棉 3 号"棉花，"秦油 7 号"油菜，"育 71-1"桑树 4 个品种，规模 0.5375 万亩；推广"弱筋小麦品质调优高产高效标准化生产技术""水稻塑盘旱育抛栽高产优质精确化管理技术""桑田优质高效立体种植模式及其配套技术""移栽棉高产高效关键配套技术""双低油菜优质高效栽培技术"和"蘑菇优质高产栽培技术"6 项技术，规模 1.217 万亩；科技培训 2880 人次。

如东县国家农业开发科技推广，包括园丰项目区和大同项目区，合同经费 38.7 万元。①园丰项目区。涉及直镇季园村、金凤村。计划要求：推广"京欣 1 号""花仙子"西瓜，"丰香"草莓，"优秀"青花菜，蒿菜、野泽菜、紫苏叶等系列品种，规模 0.76 万亩；推广"设施栽培高效种植模式及其关键配套技术""春提早西瓜优质无公害生产技术""草莓优质无公害标准化生产技术"和"青花菜优质无公害标准化生产技术"4 项技术，规模 0.6 万亩；科技培训 3000 人次。②大同项目区。涉及兵防镇大同村。计划要求：推广"翠冠"梨，"广东黑皮冬瓜"，"浙桐 1 号"榨菜 3 个品种，规模 0.4 万亩；推广"梨主棚高接换种及套袋技术""冬瓜设施栽培及科学施肥技术""棉花群体质量栽培高产高效配套技术"和"榨菜优质高效生产技术"4 项技术，规模 0.35 万亩；科技培训 1500 人次。

海门市国家农业开发科技推广，包括正场项目区和三星项目区（蔬菜部分），合同经费 39.6 万元。①正场项目区。涉及正余镇、包场镇。计划要求：推广"中豌 6 号"豌豆，"苏玉糯 1 号"糯玉米，高山豆苗等品种，规模 0.46 万亩；推广"保护地蔬菜栽培技术""糯玉米栽培技术""豆类无公害栽培技术""蔬菜病虫害防治技术"和"农作物高产栽培技术"5 项技术，规模 0.7 万亩；科技培训 1140 人次。②三星项目区（蔬菜部分）。涉及三星镇。计划要求：推广"京欣 1 号"和"早春红玉"西瓜，"豫艺 301"辣椒，"浙粉 202"番茄，"鄂莲 5 号"莲藕 5 个品种，规模 0.35 万亩；推广"大棚蔬菜栽培技术""西瓜设施栽培技术""水生蔬菜栽培技术""露地辣椒栽培技术"和"蔬菜病虫害防治技术"5 项技术，规模 0.6 万亩；科技培训 750 人次。

通州市国家农业开发科技推广，涉及东社镇，合同经费 38.88 万元。计划要求：推广"南抗 9 号"棉花，"沪 95－1""早生白鸟""春绿 60""春鲜 60""辽鲜 1 号""日本青""台湾 292""台湾 75"毛豆，"陵西 1 寸"蚕豆，"浙粉 202"番茄，"五叶细皮"香芋，"紫边""黑籽青"和"紫红"扁豆，"中甜 1 号""丰甜 1 号""荆甜 1 号"黄金瓜等品种，规模 0.81 万亩；推广"水稻、蔬菜病虫害防治技术""大棚蔬菜栽培技术""香芋高产栽培技术""黄金瓜合理套种及无公害栽培技术""扁豆高产栽培技术""葡萄优质高产栽培技术"和"棉花工厂化育苗无土移栽高产配套技术"7 项技术，规模 1.04 万亩；科技培训 3220 人次。

启东市国家农业开发科技推广，涉及志良镇、海复镇，合同经费 41.58 万元。计划要求：推广"陵西 1 寸"蚕豆，"小寒王"毛豆，"中豌 6 号"豌豆，"世珍甜玉米""苏玉糯 2 号"玉米 5 个品种，规模 0.897 万亩；推广"无公害甜（糯）玉米栽培技术""无公害豆类栽培技术""蔬菜大棚栽培技术""蔬菜病虫害防治技术"和"合理施肥和茬口布局技术"5 项技术，规模 0.9 万亩；科技培训 2500 人次。

如皋市省级高沙土开发科技推广，涉及九华镇小马桥村和下原镇野树村、文庄村，合同经费 23.4 万元。计划要求：推广"绿峰"青花菜，"日本小白花"荷仁豆，红叶类苗木，"苏玉糯 2 号"玉米，"宝交"草莓等品种，规模 0.36 万亩；推广"棉花荷仁豆高效复种技术""珍稀苗木种植技术""弱筋小麦品质调优高产栽培技术""机插（播）水稻优质高产配套栽培技术""四青作物高产高效生产技术"和"出口创汇草莓新品种引进及配套技术"6项技术，规模1.04万亩；科技培训2280人次。

第三节　规范提升阶段科技推广任务

一、国家农业开发科技推广任务

（一）2008年科技推广任务

1. 如皋市

承担项目9个，涉及雪岸镇万富社区、南凌居，丁堰镇新堰村、堰南村、刘海村。计划要求：推广新品种3个、规模0.41万亩；新技术9项、规模1.56万亩；科技培训3100人次。

（1）"71-1"桑树品种的推广应用。项目编号320682-2008-01，合同经费7.5万元。

（2）葡萄优质高效生产技术的推广。项目编号320682-2008-02，合同经费4.5万元。

（3）高产桑园建立及管理技术的推广。项目编号320682-2008-03，合同经费6万元。

（4）直播稻轻简高效生产技术的推广。项目编号320682-2008-04，合同经费5.5万元。

（5）水稻精确定量施肥技术的推广。项目编号320682-2008-05，合同经费6.5万元。

（6）鲜食豆类新品种推广应用。项目编号320682-2008-06，合同经费5万元。

（7）外向型果蔬优质安全标准化生产技术的推广。项目编号320682-2008-07，合同经费6万元。

（8）多元集约种植模式及优质高效关键技术的推广。项目编号320682－2008－08，合同经费6.5万元。

（9）秸秆还田循环利用高效配套技术推广。项目编号320682－2008－09，合同经费6.5万元。

2. 海安县

承担项目8个，涉及白甸镇刘季村，西场镇施秦村、壮志村、洪旺村和石庄村，南莫镇南莫村、沙岗村和柴垛村。计划要求：推广新品种7个、规模0.31万亩；新技术11项、规模1.35万亩；科技培训3010人次。

（1）稻田高产高效技术模式及其配套技术的推广。项目编号320621－2008－01，合同经费6万元。

（2）"71－1"桑树品种的推广应用。项目编号320621－2008－02，合同经费7.7万元。

（3）葡萄优质高效生产技术的推广。项目编号320621－2008－03，合同经费4.7万元。

（4）水稻轻简栽培优质高效标准化生产技术的推广。项目编号320621－2008－04，合同经费7.6万元。

（5）双孢蘑菇优质高产管理技术推广应用。项目编号320621－2008－05，合同经费6万元。

（6）稻田菌业循环及秸秆高效利用技术的示范推广。项目编号320621－2008－06，合同经费6.5万元。

（7）水稻塑盘育苗抛栽关键配套技术的推广应用。项目编号320621－2008－07，合同经费6.9万元。

（8）桑树嫁接体一步建园及桑园间作技术的推广。项目编号320621－2008－08，合同经费4.6万元。

3. 如东县

承担项目3个，涉及双店镇伯元村和岔河镇新坝村。计划要求：推广新品种 3 个、规模 0.06 万亩；新技术 3 项、规模 0.5 万亩；科技培训 1770 人次。

（1）特粮类新品种及富硒产品高产技术的推广。项目编号320623 - 2008 - 07，合同经费 6 万元。

（2）富硒水稻高产优质生产技术的示范推广。项目编号320623 - 2008 - 08，合同经费 7.5 万元。

（3）桑园优质高效生产及配套管理技术的推广。项目编号320623 - 2008 - 09，合同经费 6.5 万元。

4. 通州市

承担项目 6 个，涉及二甲镇斜河村、北潭村和余西居，东社镇景瑞公司。计划要求：推广新品种 4 个、规模 0.224 万亩；新技术8 项、规模 0.764 万亩；科技培训 2340 人次。

（1）葡萄优质高效生产技术推广。项目编号 320683 - 2008 - 01，合同经费 4.5 万元。

（2）橘园优质高效生产管理技术推广。项目编号 320683 - 2008 - 02，合同经费 5.5 万元。

（3）"浙桐 1 号"榨菜及其高产技术推广。项目编号 320683 - 2008 - 03，合同经费 6.5 万元。

（4）"鄂莲 1 号"莲藕及其高产技术推广。项目编号 320683 - 2008 - 04，合同经费 4.2 万元。

（5）蔬菜多熟集约种植模式及优质高效配套技术推广。项目编号 320683 - 2008 - 05，合同经费 6.6 万元。

（6）轻简稻作精确定量施肥技术示范推广。项目编号 320683 - 2008 - 06，合同经费 6.7 万元。

（二）2009 年科技推广任务

1. 如皋市

承担项目 19 个，涉及东陈镇杭桥村、蒋宗村和范桥村，白蒲镇蒲东村和朱桥村，林梓镇蒋殿村和合兴村，常青镇土山村、董王村和袁庄村。计划要求：推广新品种4个、规模0.21万亩；新技术20项、规模4.33万亩；科技培训6880人次。

（1）彩叶苗木新品种引进及其示范推广。项目编号320682－2009－01，合同经费6.8万元。

（2）桑园间作作物的品种引进及立体种植模式推广。项目编号320682－2009－02，合同经费6.8万元。

（3）桑树高产高效标准化管理技术推广。项目编号320682－2009－03，合同经费7.6万元。

（4）稻田秸秆还田抗逆增效技术示范推广。项目编号320682－2009－04，合同经费7.6万元。

（5）水稻优质高效标准化栽培技术推广。项目编号320682－2009－05，合同经费5.2万元。

（6）水稻病虫害无公害控防技术推广。项目编号320682－2009－06，合同经费5.2万元。

（7）大白菜优质高效生产技术的推广。项目编号320682－2009－07，合同经费7.5万元。

（8）水稻精确定量高产栽培技术推广。项目编号320682－2009－08，合同经费7.6万元。

（9）大棚西瓜优质早熟种植技术推广。项目编号320682－2009－09，合同经费5万元。

（10）稻田秸秆还田抗逆增效技术推广。项目编号320682－2009－10，合同经费6.5万元。

（11）水稻机插秧高产高效配套技术推广。项目编号320682－2009－11，合同经费7万元。

（12）稻茬麦机条播免少耕栽培技术推广。项目编号320682－2009－12，合同经费6.8万元。

（13）弱筋小麦品质调优高产配套技术推广。项目编号 320682 - 2009 - 13，合同经费 6.8 万元。

（14）小麦主要病虫害无公害控防技术推广。项目编号 320682 - 2009 - 14，合同经费 5 万元。

（15）水稻机插秧农机农艺综合配套技术推广。项目编号 320682 - 2009 - 15，合同经费 6.8 万元。

（16）水稻精确定量施肥技术推广。项目编号 320682 - 2009 - 16，合同经费 6.8 万元。

（17）水稻主要病虫害无公害控防技术推广。项目编号 320682 - 2009 - 17，合同经费 5 万元。

（18）稻田秸秆全量还田耕层保育技术推广。项目编号 320682 - 2009 - 18，合同经费 6.8 万元。

（19）旱粮田多熟集约种植模式及其优化配套技术推广。项目编号 320682 - 2009 - 19，合同经费 6 万元。

2. 海安县

承担项目 12 个，涉及李堡镇新庄村、陈庄村和桑周村，墩头镇墩北村、西湖村、禾庄村和凤阳村，老坝港镇通港村、海港村和建场村。计划要求：推广新品种 5 个、规模 0.18 万亩；新技术 12 项、规模 1.27 万亩；科技培训 4040 人次。

（1）桑树"育 71 - 1"品种的推广。项目编号 320621 - 2009 - 01，合同经费 5 万元。

（2）蔬菜多熟种植模式高产技术示范推广。项目编号 320621 - 2009 - 02，合同经费 5 万元。

（3）青花菜新品种及其优质高产技术推广。项目编号 320621 - 2009 - 03，合同经费 6.8 万元。

（4）鲜食大粒蚕豆新品种及优质高产技术推广。项目编号 320621 - 2009 - 04，合同经费 6.8 万元。

（5）桑树高产高效标准化管理技术推广。项目编号 320621 – 2009 – 05，合同经费 7.8 万元。

（6）菜稻轮作模式及其高产高效技术推广。项目编号 320621 – 2009 – 06，合同经费 6 万元。

（7）桑树快速繁育与定植技术推广。项目编号 320621 – 2009 – 07，合同经费 6 万元。

（8）桑树高产高效标准化管理技术的示范推广。项目编号 320621 – 2009 – 08，合同经费 6.6 万元。

（9）水稻机插秧高产高效配套技术推广。项目编号 320621 – 2009 – 09，合同经费 6 万元。

（10）水稻精确定量栽培技术推广。项目编号 320621 – 2009 – 10，合同经费 6.6 万元。

（11）水稻优质高效无公害栽培的技术集成与示范。项目编号 320621 – 2009 – 11，合同经费 6.5 万元。

（12）大棚西（甜）瓜早熟优质种植技术推广。项目编号 320621 – 2009 – 12，合同经费 5 万元。

3. 如东县

承担项目 8 个，涉及河口镇荷园村和袁庄镇赵港村。计划要求：推广新品种 4 个、规模 0.09 万亩；新技术 9 项、规模 0.99 万亩；科技培训 3250 人次。

（1）葡萄新品种引进及其示范推广。项目编号 320623 – 2009 – 01，合同经费 5 万元。

（2）草莓保护地高效栽培技术的示范推广。项目编号 320623 – 2009 – 02，合同经费 7 万元。

（3）蔬菜多熟集约种植优质高产技术推广。项目编号 320623 – 2009 – 03，合同经费 7 万元。

（4）水稻优质高效无公害栽培的技术集成与示范。项目编号

320623 - 2009 - 04，合同经费 6 万元。

（5）水稻机插高产高效配套技术推广。项目编号 320623 - 2009 - 05，合同经费 7.8 万元。

（6）水稻精确定量栽培技术推广。项目编号 320623 - 2009 - 06，合同经费 7.8 万元。

（7）大棚西瓜 - 稻模式标准化种植技术推广。项目编号 320623 - 2009 - 07，合同经费 7.5 万元。

（8）弱筋小麦品质调优高产高效配套技术推广。项目编号 320623 - 2009 - 08，合同经费 6.9 万元。

4. 海门市

承担项目 9 个，涉及麒麟镇庵宝村和麒北村，树勋镇八一村和旭宏村，德胜镇瑞北村、金锁村和平山村。计划要求：推广新品种 9 个、规模 0.35 万亩；新技术 9 项、规模 0.87 万亩；科技培训 2120 人次。

（1）茄果类蔬菜新品种引进示范及其优质高效栽培技术推广。项目编号 320684 - 2009 - 01，合同经费 5.5 万元。

（2）四青类作物新品种及其优质高产配套技术推广。项目编号 320684 - 2009 - 02，合同经费 6 万元。

（3）棚室设施周年利用高效种植关键配套技术推广。项目编号 320684 - 2009 - 03，合同经费 5 万元。

（4）优质西、甜瓜新品种的引进与示范推广。项目编号 320684 - 2009 - 04，合同经费 5.5 万元。

（5）外向型蔬菜优质高效标准化种植技术推广。项目编号 320684 - 2009 - 05，合同经费 6 万元。

（6）地方名特蔬菜优质高效标准化种植技术推广。项目编号 320684 - 2009 - 06，合同经费 5 万元。

（7）草莓优质品种及其保护地栽培技术推广。项目编号

320684 - 2009 - 07，合同经费 7.2 万元。

（8）四青类作物多熟高效种植技术推广。项目编号 320684 - 2009 - 08，合同经费 8 万元。

（9）葡萄 T 型架避雨栽培技术推广。项目编号 320684 - 2009 - 09，合同经费 7.8 万元。

5. 通州市

承担项目 2 个，涉及东社镇新街村。计划要求：推广新品种 5 个、规模 0.16 万亩；新技术 3 项、规模 0.25 万亩；科技培训 500 人次。

（1）茄果类蔬菜新品种的引进及其推广应用。项目编号 320683 - 2009 - 10，合同经费 8 万元。

（2）蔬菜多熟集约高效种植技术推广。项目编号 320683 - 2009 - 11，合同经费 6 万元。

（三）2010 年科技推广任务

1. 如皋市

承担项目 7 个，涉及磨头镇十字桥村、新联村、场西村和曹石村。计划要求：推广新技术 7 项、规模 2.06 万亩；科技培训 2450 人次。

（1）弱筋小麦品质调优高产配套技术推广。项目编号 320682 - 2010 - 01，合同经费 6.8 万元。

（2）小麦主要病虫害无公害控防技术推广。项目编号 320682 - 2010 - 02，合同经费 5 万元。

（3）水稻机插秧农机农艺综合配套技术推广。项目编号 320682 - 2010 - 03，合同经费 6.8 万元。

（4）水稻精确定量施肥技术推广。项目编号 320682 - 2010 - 04，合同经费 6.8 万元。

（5）水稻主要病虫害无公害控防技术推广。项目编号 320682 -

2010 - 05，合同经费 5 万元。

（6）稻田秸秆全量还田耕层保育技术推广。项目编号 320682 - 2010 - 06，合同经费 6.8 万元。

（7）旱粮田多熟集约种植模式及其优化配套技术推广。项目编号 320682 - 2010 - 07，合同经费 6 万元。

2. 海安县

承担项目 11 个，涉及南莫镇砖桥村、姜刘村和邓庄村，白甸镇白甸村、施溪村和官垛村，大公镇卉巷村、噇口村、王院村、于坝村和贲集村。计划要求：推广新品种 2 个、规模 0.09 万亩；新技术 11 项、规模 2.24 万亩；科技培训 3330 人次。

（1）桑园间作蔬菜高产配套技术推广。项目编号 320621 - 2010 - 01，合同经费 6.5 万元。

（2）甜叶菊优质高效栽培技术推广。项目编号 320621 - 2010 - 02，合同经费 6.5 万元。

（3）稻茬麦精量（半精量）播种高产配套技术推广。项目编号 320621 - 2010 - 03，合同经费 6 万元。

（4）弱筋小麦品质调优标准化生产技术推广。项目编号 320621 - 2010 - 04，合同经费 6.5 万元。

（5）水稻精确定量施肥技术推广。项目编号 320621 - 2010 - 05，合同经费 6.5 万元。

（6）稻麦主要病虫害无公害控防技术推广。项目编号 320621 - 2010 - 06，合同经费 6.5 万元。

（7）水稻塑盘旱育抛秧技术推广。项目编号 320621 - 2010 - 07，合同经费 5.5 万元。

（8）水稻精确定量栽培技术推广。项目编号 320621 - 2010 - 08，合同经费 6 万元。

（9）稻麦秸秆全量还田综合配套技术推广。项目编号 320621 -

2010 - 09，合同经费 6.5 万元。

（10）稻茬小麦免少耕机械匀播技术推广。项目编号 320621 - 2010 - 10，合同经费 5 万元。

（11）移栽油菜秋发冬壮高产栽培技术推广。项目编号 320621 - 2010 - 11，合同经费 5 万元。

3. 如东县

承担项目 7 个，涉及曹埠镇甜水村，掘港镇十里墩村和晓河村。计划要求：推广新品种 4 个、规模 0.25 万亩；新技术 8 项、规模 1.01 万亩；科技培训 2165 人次。

（1）芦笋大棚覆盖设施栽培优质高效种植技术推广。项目编号 320623 - 2010 - 01，合同经费 7.5 万元。

（2）水稻精确定量栽培技术推广。项目编号 320623 - 2010 - 02，合同经费 6 万元。

（3）弱筋小麦品质调优高产高效配套技术推广。项目编号 320623 - 2010 - 03，合同经费 5.5 万元。

（4）鲜食豆类优质品种引进及其高产栽培技术推广。项目编号 320623 - 2010 - 04，合同经费 6 万元。

（5）优质葡萄避雨栽培技术推广。项目编号 320623 - 2010 - 05，合同经费 5 万元。

（6）大粒型鲜食蚕豆优质高效标准化栽培技术推广。项目编号 320623 - 2010 - 06，合同经费 6.6 万元。

（7）机插稻优质高效配套技术推广。项目编号 320623 - 2010 - 07，合同经费 7.5 万元。

4. 海门市

承担项目 6 个，涉及三厂镇大洪村、孝汉村和中兴村，临江镇坚平村。计划要求：推广新品种 10 个、规模 0.225 万亩；新技术 6 项、规模 0.29 万亩；科技培训 2110 人次。

（1）葡萄新品种引进及其避雨栽培技术推广。项目编号 320684 – 2010 – 01，合同经费 6.8 万元。

（2）大棚蔬菜高效种植模式及其配套技术推广。项目编号 320684 – 2010 – 02，合同经费 7.5 万元。

（3）优质草莓品种引进及其设施栽培技术推广。项目编号 320684 – 2010 – 03，合同经费 6.5 万元。

（4）"湘研 13 号"微辣型菜椒的引进与示范推广。项目编号 320684 – 2010 – 04，合同经费 7.2 万元。

（5）优质西甜瓜品种引进及高效栽培技术推广。项目编号 320684 – 2010 – 05，合同经费 6.5 万元。

（6）"小寒王"毛豆高产高效栽培技术推广。项目编号 320684 – 2010 – 06，合同经费 7.5 万元。

5. 通州市

承担项目 12 个，涉及金沙镇金余村和港北村，三余镇一社村，东社镇五马路村和严北村。计划要求：推广新品种 6 个、规模 0.12 万亩；新技术 12 项、规模 2.965 万亩；科技培训 4380 人次。

（1）水稻全程机械化高产高效配套技术推广。项目编号 320683 – 2010 – 01，合同经费 6.5 万元。

（2）水稻精确定量栽培技术推广。项目编号 320683 – 2010 – 02，合同经费 6.8 万元。

（3）优质水稻病虫草综合防控技术推广。项目编号 320683 – 2010 – 03，合同经费 6 万元。

（4）稻田双低油菜优质高产配套技术推广。项目编号 320683 – 2010 – 04，合同经费 6.8 万元。

（5）稻田秸秆资源化综合利用技术推广。项目编号 320683 – 2010 – 05，合同经费 6.5 万元。

（6）旱粮田多熟集约种植模式及其增产增效技术推广。项目编号 320683 - 2010 - 06，合同经费 5.6 万元。

（7）油菜病虫草综合防控技术推广。项目编号 320683 - 2010 - 07，合同经费 6 万元。

（8）菜稻轮作生态型高效生产模式及标准化种植技术推广。项目编号 320683 - 2010 - 08，合同经费 5.8 万元。

（9）鲜食瓜果设施栽培标准化生产技术推广。项目编号 320683 - 2010 - 09，合同经费 6.2 万元。

（10）榨菜优质高效生产技术推广。项目编号 320683 - 2010 - 10，合同经费 5 万元。

（11）西瓜新品种引进及其优质高效技术推广。项目编号 320683 - 2010 - 11，合同经费 5.6 万元。

（12）双低油菜优质高效生产技术推广。项目编号 320683 - 2010 - 12，合同经费 5.6 万元。

（四）2011 年科技推广任务

1. 如皋市

承担项目 14 个，涉及常青镇楼冯村、万全村、叶庄村和横埭村，林梓镇红桥村和沈腰村，白蒲镇朱家桥村和松杨村。计划要求：推广新技术 14 项、规模 2.9235 万亩；科技培训 4520 人次。

（1）稻茬麦免（少）耕机械匀播技术推广。项目编号 320682 - 2011 - 01，合同经费 6.8 万元。

（2）弱筋小麦品质调优高产配套技术推广。项目编号 320682 - 2011 - 02，合同经费 6.8 万元。

（3）小麦主要病虫害无公害控防技术推广。项目编号 320682 - 2011 - 03，合同经费 5 万元。

（4）水稻机插秧农机农艺综合配套技术推广。项目编号 320682 - 2011 - 04，合同经费 6.8 万元。

（5）水稻精确定量施肥技术推广。项目编号 320682 - 2011 -

05，合同经费 6.8 万元。

（6）水稻主要病虫害无公害控防技术推广。项目编号 320682 - 2011 - 06，合同经费 5 万元。

（7）稻田秸秆全量还田耕层保育技术推广。项目编号 320682 - 2011 - 07，合同经费 6.8 万元。

（8）旱粮田多熟集约种植模式及其优化配套技术推广。项目编号 320682 - 2011 - 08，合同经费 6 万元。

（9）麦秸全量还田水稻高产配套技术推广。项目编号 320682 - 2011 - 09，合同经费 5 万元。

（10）机插稻丰产高效技术推广。项目编号 320682 - 2011 - 10，合同经费 5 万元。

（11）水稻病虫草害综合防治技术推广。项目编号 320682 - 2011 - 11，合同经费 5 万元。

（12）水稻超高产精确定量栽培技术推广。项目编号 320682 - 2011 - 12，合同经费 5 万元。

（13）稻秸全量还田小麦高产配套技术推广。项目编号 320682 - 2011 - 13，合同经费 5 万元。

（14）水稻病虫草害综合防治技术推广。项目编号 320682 - 2011 - 14，合同经费 5 万元。

2. 海安县

承担项目 15 个，涉及大公镇马舍村和常河村，角斜镇五凌村、老庄村和滩河村，墩头镇新舍村，白甸镇丁华村和邹冯村。计划要求：推广新技术 12 项、规模 3.5 万亩；科技培训 4135 人次。

（1）水稻机插高产栽培技术推广。项目编号 320621 - 2011 - 01，合同经费 5.5 万元。

（2）水稻精确定量栽培技术推广。项目编号 320621 - 2011 - 02，合同经费 6 万元。

（3）稻麦秸秆全量还田综合配套技术推广。项目编号 320621 - 2011 - 03，合同经费 6.5 万元。

（4）弱筋小麦品质调优技术推广。项目编号 320621 - 2011 - 04，合同经费 5 万元。

（5）稻麦病虫草综合防治技术推广。项目编号 320621 - 2011 - 05，合同经费 5 万元。

（6）水稻肥床旱育稀植高产配套技术推广。项目编号 320621 - 2011 - 06，合同经费 5 万元。

（7）水稻病虫害综合防治技术推广。项目编号 320621 - 2011 - 07，合同经费 5 万元。

（8）弱筋小麦品质调优技术推广。项目编号 320621 - 2011 - 08，合同经费 5 万元。

（9）大棚设施高效利用综合配套技术推广。项目编号 320621 - 2011 - 09，合同经费 5 万元。

（10）机插稻丰产高效技术推广。项目编号 320621 - 2011 - 13，合同经费 5 万元。

（11）水稻超高产精确定量栽培技术推广。项目编号 320621 - 2011 - 14，合同经费 5 万元。

（12）水稻病虫害综合防治技术推广。项目编号 320621 - 2011 - 15，合同经费 5 万元。

（13）水稻塑盘旱育抛栽高产栽培技术推广。项目编号 320621 - 2011 - 16，合同经费 5 万元。

（14）弱筋小麦品质调优技术推广。项目编号 320621 - 2011 - 17，合同经费 5 万元。

（15）小麦病虫草害综合防治技术推广。项目编号 320621 - 2011 - 18，合同经费 5 万元。

3. 如东县

承担项目10个，涉及岔河镇新桥村和新坝村，大豫镇一门闸村和大豫社区，掘港镇天星村。计划要求：推广新品种4个、规模0.14万亩；新技术9项、规模0.77万亩；科技培训2650人次。

（1）机插水稻精确定量栽培技术推广。项目编号320623－2011－01，合同经费5万元。

（2）麦秸全量还田水稻高产配套技术推广。项目编号320623－2011－02，合同经费5万元。

（3）大棚设施周年利用模式及其高效配套技术推广。项目编号320623－2011－03，合同经费5万元。

（4）丝（苦）瓜设施栽培优质高效技术推广。项目编号320623－2011－04，合同经费5万元。

（5）麦秸全量还田水稻高产配套技术推广。项目编号320623－2011－05，合同经费5万元。

（6）青花菜新品种的引进示范与推广。项目编号320623－2011－06，合同经费5万元。

（7）莴苣新品种的引进示范与推广。项目编号320623－2011－07，合同经费5万元。

（8）蔬菜穴盘育苗技术推广。项目编号320623－2011－08，合同经费5万元。

（9）大棚冬春茬青皮长茄优质高产技术推广。项目编号320623－2011－09，合同经费5万元。

（10）蔬菜新品种的引进及其示范推广。项目编号320623－2011－10，合同经费5万元。

4. 海门市

承担项目5个，涉及王浩镇古坝村、昌盛村和桥闸村。计划要求：推广新技术5项、规模0.53万亩；科技培训1500人次。

（1）双低油菜秋发冬壮高产栽培技术推广。项目编号 320684 -
2011 - 10，合同经费 6 万元。

（2）四青作物集约种植高产技术推广。项目编号 320684 -
2011 - 11，合同经费 6.2 万元。

（3）蔬菜节水增效综合配套技术推广。项目编号 320684 -
2011 - 12，合同经费 5.8 万元。

（4）大棚设施周年利用配套技术推广。项目编号 320684 -
2011 - 13，合同经费 6.2 万元。

（5）大棚西瓜优质高效栽培技术推广。项目编号 320684 -
2011 - 14，合同经费 5.8 万元。

5. 通州市

承担推广项目 7 个，涉及金沙镇城东村、新三园村和港北村。
计划要求：推广新技术 7 项、规模 1.2 万亩；科技培训 1650 人次。

（1）水稻精确定量栽培技术推广。项目编号 320683 - 2011 -
01，合同经费 4.9 万元。

（2）水稻病虫草害综合防治技术推广。项目编号 320683 -
2011 - 02，合同经费 4.9 万元。

（3）双低油菜秋发冬壮高产栽培技术推广。项目编号 320683 -
2011 - 03，合同经费 4.8 万元。

（4）油菜病虫草害综合防治技术推广。项目编号 320683 -
2011 - 04，合同经费 4.6 万元。

（5）多元多熟种植模式及其高产高效配套技术推广。项目编号
320683 - 2011 - 05，合同经费 4.8 万元。

（6）鲜食豆类作物优质高产栽培技术推广。项目编号 320683 -
2011 - 06，合同经费 4.5 万元。

（7）茄果类蔬菜设施栽培优质高效技术推广。项目编号
320683 - 2011 - 07，合同经费 4.5 万元。

（五）2012 年科技推广任务

1. 如皋市

承担项目 26 个，涉及柴湾镇桥港村、戴庄村和天河桥村，东陈镇尚书村和杨庄村，丁堰镇夏圩村和新堰村，如城镇沿河村、新官村和长港村。计划要求：推广新技术 24 项、规模 4.76 万亩；科技培训 6920 人次。

（1）稻茬麦免（少）耕机械匀播技术推广。项目编号 320682 - 2012 - 01，合同经费 5 万元。

（2）弱筋小麦品质调优技术推广。项目编号 320682 - 2012 - 02，合同经费 5 万元。

（3）小麦病虫害无公害控防技术推广。项目编号 320682 - 2012 - 03，合同经费 5 万元。

（4）机插稻丰产增效配套技术推广。项目编号 320682 - 2012 - 04，合同经费 5 万元。

（5）水稻精确定量施肥技术推广。项目编号 320682 - 2012 - 05，合同经费 5 万元。

（6）水稻病虫害无公害控防技术推广。项目编号 320682 - 2012 - 06，合同经费 5 万元。

（7）麦秸全量还田耕层保育技术推广。项目编号 320682 - 2012 - 07，合同经费 5 万元。

（8）大棚设施周年利用高效种植模式及配套技术推广。项目编号 320682 - 2012 - 08，合同经费 5 万元。

（9）瓜果类蔬菜长季节设施栽培技术推广。项目编号 320682 - 2012 - 09，合同经费 5 万元。

（10）设施蔬菜病虫害无公害控防技术推广。项目编号 320682 - 2012 - 10，合同经费 5 万元。

（11）机插稻早发足穗高产栽培技术推广。项目编号 320682 -

2012 – 11，合同经费 5 万元。

（12）稻麦秸秆还田综合配套技术推广。项目编号 320682 – 2012 – 12，合同经费 5 万元。

（13）弱筋小麦品质调优技术推广。项目编号 320682 – 2012 – 13，合同经费 5 万元。

（14）桑园高产高效规范化管理技术推广。项目编号 320682 – 2012 – 14，合同经费 5 万元。

（15）葡萄避雨栽培优质高效管理技术推广。项目编号 320682 – 2012 – 15，合同经费 4.9 万元。

（16）水稻精确定量栽培技术推广。项目编号 320682 – 2012 – 16，合同经费 5.5 万元。

（17）稻茬麦免（少）耕机械匀播技术推广。项目编号 320682 – 2012 – 17，合同经费 5.5 万元。

（18）水稻病虫害综合控防技术推广。项目编号 320682 – 2012 – 18，合同经费 5 万元。

（19）小麦病虫害综合控防技术推广。项目编号 320682 – 2012 – 19，合同经费 5 万元。

（20）机插稻精确定量栽培技术。项目编号 320682 – 2012 – 20，合同经费 5 万元。

（21）优质稻米安全生产全程控制技术推广。项目编号 320682 – 2012 – 21，合同经费 5 万元。

（22）稻茬小麦抗逆高产稳产优质栽培技术推广。项目编号 320682 – 2012 – 22，合同经费 5 万元。

（23）弱筋小麦品质调优技术推广。项目编号 320682 – 2012 – 23，合同经费 5 万元。

（24）优质油菜高产栽培技术推广。项目编号 320682 – 2012 – 24，合同经费 5 万元。

（25）大棚设施周年利用模式及其配套技术推广。项目编号320682 - 2012 - 25，合同经费5.6万元。

（26）蔬菜穴盘育苗技术推广。项目编号320682 - 2012 - 26，合同经费5万元。

2. 海安县

承担项目15个，涉及墩头镇新海村、墩西村和墩北村，角斜镇滩河村、老庄村和沿口村，白甸镇周垛村、朱于村和邹冯村。计划要求：推广新技术14项、规模3.24万亩；科技培训3905人次。

（1）机插稻丰产增效栽培技术推广。项目编号320621 - 2012 - 01，合同经费5万元。

（2）水稻精确定量栽培技术推广。项目编号320621 - 2012 - 02，合同经费5万元。

（3）水稻测土配方施肥技术推广。项目编号320621 - 2012 - 03，合同经费5万元。

（4）水稻病虫害综合防治技术推广。项目编号320621 - 2012 - 04，合同经费5万元。

（5）小麦精量播种高产配套技术推广。项目编号320621 - 2012 - 05，合同经费5万元。

（6）小麦病虫害综合防治技术推广。项目编号320621 - 2012 - 06，合同经费5万元。

（7）优质稻综合增效关键配套技术推广。项目编号320621 - 2012 - 07，合同经费5万元。

（8）稻茬麦免（少）耕匀播技术推广。项目编号320621 - 2012 - 08，合同经费5万元。

（9）水稻病虫害综合防治技术推广。项目编号320621 - 2012 - 09，合同经费5万元。

（10）水稻精确抛秧技术推广。项目编号320621 - 2012 - 16，合同经费 5 万元。

（11）水稻机插高产栽培技术推广。项目编号 320621 - 2012 - 17，合同经费 5 万元。

（12）优质稻米安全生产全程控制技术推广。项目编号 320621 - 2012 - 18，合同经费 5 万元。

（13）稻茬小麦抗逆高产稳产优质栽培技术推广。项目编号 320621 - 2012 - 19，合同经费 5 万元。

（14）弱筋小麦品质调优技术推广。项目编号 320621 - 2012 - 20，合同经费 5 万元。

（15）稻麦周年高产高效生产技术推广。项目编号 320621 - 2012 - 21，合同经费 5 万元。

3. 如东县

承担项目 9 个，涉及马塘镇长路村，曹埠镇跨岸村，双甸镇德银村和丛家坝村。计划要求：推广新技术 8 项、规模 1.95 万亩；科技培训 2390 人次。

（1）机插水稻精确定量栽培技术推广。项目编号 320623 - 2012 - 01，合同经费 5 万元。

（2）秸秆还田及其耕层保育技术推广。项目编号 320623 - 2012 - 02，合同经费 5 万元。

（3）秸秆还田及其耕层保育技术推广。项目编号 320623 - 2012 - 03，合同经费 5 万元。

（4）小麦免（少）耕机条播技术推广。项目编号 320623 - 2012 - 04，合同经费 5 万元。

（5）机插稻农机农艺综合配套丰产增效技术推广。项目编号 320623 - 2012 - 05，合同经费 5 万元。

（6）水稻测土配方施肥技术推广。项目编号 320623 - 2012 - 06，合同经费 5 万元。

（7）小麦优质高产无公害栽培技术推广。项目编号 320623 - 2012 - 07，合同经费 5 万元。

（8）水稻机插精确定量栽培技术推广。项目编号 320623 - 2012 - 11，合同经费 5 万元。

（9）小麦测土配方施肥技术推广。项目编号 320623 - 2012 - 12，合同经费 5 万元。

4. 海门市

承担项目 11 个，涉及悦来镇悦来村、悦南村、习正村和袁李村，三厂镇丁陆村、汤西村、鹤丰村和新丰村。计划要求：推广新品种 1 个、规模 0.2 万亩；新技术 10 项、规模 1.57 万亩；科技培训 3315 人次。

（1）榨菜优质高产栽培技术推广。项目编号 320684 - 2012 - 11，合同经费 6 万元。

（2）大棚蔬菜优质高效栽培技术推广。项目编号 320684 - 2012 - 12，合同经费 6 万元。

（3）葡萄、草莓设施栽培技术推广。项目编号 320684 - 2012 - 13，合同经费 5 万元。

（4）特经特粮高效模式及配套技术推广。项目编号 320684 - 2012 - 14，合同经费 6 万元。

（5）四青作物高产高效栽培技术推广。项目编号 320684 - 2012 - 15，合同经费 6 万元。

（6）移栽油菜秋发冬壮高产栽培技术推广。项目编号 320684 - 2012 - 16，合同经费 6 万元。

（7）移栽油菜秋发冬壮高产栽培技术推广。项目编号 320684 - 2012 - 17，合同经费 6 万元。

（8）鲜食玉米高产栽培技术推广。项目编号 320684 - 2012 - 18，合同经费 6 万元。

（9）特经特粮高效种植模式推广。项目编号 320684 - 2012 - 19，合同经费 6 万元。

（10）设施草莓丰产优质栽培技术示范与推广。项目编号 320684 - 2012 - 20，合同经费 6 万元。

（11）鲜食大豆"小寒王"优质高产栽培技术推广。项目编号 320684 - 2012 - 21，合同经费 6 万元。

5. 通州市

承担项目 9 个，涉及二甲镇悦来村、悦南村、习正村和袁李村，西亭镇李庄村。计划要求：推广新技术 9 项、规模 1.38 万亩；科技培训 2140 人次。

（1）机插稻丰产增效栽培技术推广。项目编号 320683 - 2012 - 01，合同经费 5 万元。

（2）水稻精确定量栽培技术推广。项目编号 320683 - 2012 - 02，合同经费 5 万元。

（3）水稻病虫害综合防控技术推广。项目编号 320683 - 2012 - 03，合同经费 4.5 万元。

（4）油菜秋发冬壮高产技术推广。项目编号 320683 - 2012 - 04，合同经费 5 万元。

（5）双低油菜测土配方施肥技术推广。项目编号 320683 - 2012 - 05，合同经费 5 万元。

（6）油菜病虫害综合防控技术推广。项目编号 320683 - 2012 - 06，合同经费 4.5 万元。

（7）设施蔬菜优质高效种植技术推广。项目编号 320683 - 2012 - 07，合同经费 5 万元。

（8）四青作物高效种植模式及其配套技术推广。项目编号 320683 - 2012 - 08，合同经费 5 万元。

（9）大棚蔬菜周年种植高效模式及配套技术推广。项目编号

320683 - 2012 - 19，合同经费 2 万元。

6. 启东市

承担项目 9 个，吕四港镇念总村、念四总村、念五总村、西宁村、范龙村和巴西村。计划要求：推广新技术 9 项、规模 1.0 万亩；科技培训 2565 人次。

（1）鲜食蚕豆优质高产栽培技术推广。项目编号 320681 - 2012 - 01，合同经费 5 万元。

（2）鲜食玉米优质高产栽培技术推广。项目编号 320681 - 2012 - 02，合同经费 5 万元。

（3）鲜食毛豆优质高产栽培技术推广。项目编号 320681 - 2012 - 03，合同经费 5 万元。

（4）四青作物集约高效种植模式及配套技术推广。项目编号 320681 - 2012 - 04，合同经费 5 万元。

（5）大棚设施周年利用高效模式及配套技术推广。项目编号 320681 - 2012 - 05，合同经费 5 万元。

（6）设施叶菜类蔬菜优质高效栽培技术推广。项目编号 320681 - 2012 - 06，合同经费 5 万元。

（7）蔬菜病虫害综合控防技术推广。项目编号 320681 - 2012 - 07，合同经费 5 万元。

（8）设施葡萄优质高效栽培技术推广。项目编号 320681 - 2012 - 08，合同经费 5 万元。

（9）双低油菜秋发冬壮高产栽培技术推广。项目编号 320681 - 2012 - 09，合同经费 5 万元。

（六）2013 年科技推广任务

1. 如皋市

承担项目 26 个，涉及长江镇五零村和永建村，桃园镇宋家桥村、育华村和明池村，东陈镇山河村、汤湾村和杭桥村。计划要求：推广新技术 17 项、规模 3.72 万亩；科技培训 6750 人次。

（1）水稻精确定量栽培技术推广。项目编号 320682 - 2013 - 01，合同经费 5 万元。

（2）水稻机插高产栽培技术推广。项目编号 320682 - 2013 - 02，合同经费 5 万元。

（3）小麦机械条播高产栽培技术推广。项目编号 320682 - 2013 - 03，合同经费 4.9 万元。

（4）小麦病虫害综合防治技术推广。项目编号 320682 - 2013 - 04，合同经费 4.9 万元。

（5）设施西瓜优质高产栽培技术推广。项目编号 320682 - 2013 - 05，合同经费 5 万元。

（6）设施草莓优质高产栽培技术推广。项目编号 320682 - 2013 - 06，合同经费 5 万元。

（7）湿栽水芹优质高产栽培技术推广。项目编号 320682 - 2013 - 07，合同经费 5 万元。

（8）青花菜优质高产栽培技术推广。项目编号 320682 - 2013 - 08，合同经费 5 万元。

（9）芦笋优质高产栽培技术推广。项目编号 320682 - 2013 - 09，合同经费 5 万元。

（10）大棚设施周年利用模式及高效配套技术推广。项目编号 320682 - 2013 - 10，合同经费 5 万元。

（11）水稻精确定量栽培技术推广。项目编号 320682 - 2013 - 11，合同经费 5 万元。

（12）水稻机插高产栽培技术推广。项目编号 320682 - 2013 - 12，合同经费 4.5 万元。

（13）麦秸还田水稻高产配套技术推广。项目编号 320682 - 2013 - 13，合同经费 5 万元。

（14）水稻病虫害综合防治技术推广。项目编号 320682 - 2013 - 14，合同经费 4.5 万元。

（15）小麦机械条播高产栽培技术推广。项目编号 320682 - 2013 - 15，合同经费 4.5 万元。

（16）稻秸还田小麦全苗壮苗技术推广。项目编号 320682 - 2013 - 16，合同经费 4.5 万元。

（17）小麦病虫害综合防治技术推广。项目编号 320682 - 2013 - 17，合同经费 4 万元。

（18）葡萄避雨栽培技术推广。项目编号 320682 - 2013 - 18，合同经费 4 万元。

（19）水稻机插高产栽培技术推广。项目编号 320682 - 2013 - 19，合同经费 5 万元。

（20）水稻精确定量栽培技术推广。项目编号 320682 - 2013 - 20，合同经费 5 万元。

（21）水稻病虫害综合防治技术推广。项目编号 320682 - 2013 - 21，合同经费 5 万元。

（22）小麦机械条播高产栽培技术推广。项目编号 320682 - 2013 - 22，合同经费 5 万元。

（23）稻秸还田小麦全苗壮苗技术推广。项目编号 320682 - 2013 - 23，合同经费 5 万元。

（24）小麦病虫害综合防治技术推广。项目编号 320682 - 2013 - 24，合同经费 5 万元。

（25）桑园高产高效管理技术推广。项目编号 320682 - 2013 - 25，合同经费 5 万元。

（26）桑园秋冬季间作技术推广。项目编号 320682 - 2013 - 26，合同经费 5 万元。

2. 海安县

承担项目9个，涉及雅周镇东楼村、周机村、迴垛村和庞庄村，海安镇建设村和隆政村。计划要求：推广新技术9项、规模1.44万亩；科技培训2460人次。

（1）水稻机插高产栽培技术推广。项目编号320621 – 2013 – 01，合同经费5万元。

（2）水稻精确定量栽培技术推广。项目编号320621 – 2013 – 02，合同经费5万元。

（3）小麦机械条播高产栽培技术推广。项目编号320621 – 2013 – 03，合同经费5万元。

（4）弱筋小麦品质调优技术推广。项目编号320621 – 2013 – 04，合同经费5万元。

（5）大棚设施周年利用模式及高效配套技术推广。项目编号320621 – 2013 – 05，合同经费5万元。

（6）桑园高产高效管理技术推广。项目编号320621 – 2013 – 06，合同经费5万元。

（7）水稻机插精确定量栽培技术推广。项目编号320621 – 2013 – 07，合同经费5万元。

（8）水稻病虫害综合防控技术推广。项目编号320621 – 2013 – 08，合同经费5万元。

（9）小麦精确定量高产栽培技术推广。项目编号320621 – 2013 – 09，合同经费5万元。

3. 如东县

承担项目13个，涉及岔河镇兴发村和金发村，河口镇立新居和太阳庙村，曹埠镇上漫社区，长沙镇四桥村。计划要求：推广新技术11项、规模2.3万亩；科技培训3450人次。

（1）水稻机插高产栽培技术推广。项目编号320623 – 2013 –

01，合同经费5万元。

（2）水稻精确定量栽培技术推广。项目编号320623－2013－02，合同经费5万元。

（3）水稻病虫害综合防治技术推广。项目编号320623－2013－03，合同经费5万元。

（4）弱筋小麦品质调优技术推广。项目编号320623－2013－04，合同经费5万元。

（5）小麦精确定量高产栽培技术推广。项目编号320623－2013－05，合同经费5万元。

（6）麦秸还田水稻高产配套技术推广。项目编号320623－2013－06，合同经费5万元。

（7）水稻测土配方施肥技术推广。项目编号320623－2013－07，合同经费5万元。

（8）水稻超高产栽培技术推广。项目编号320623－2013－08，合同经费5万元。

（9）小麦机械条播高产栽培技术推广。项目编号320623－2013－09，合同经费5万元。

（10）秸秆还田小麦全苗壮苗技术推广。项目编号320623－2013－10，合同经费5万元。

（11）水稻机插高产栽培技术推广。项目编号320623－2013－12，合同经费5万元。

（12）弱筋小麦品质调优技术推广。项目编号320623－2013－13，合同经费5万元。

（13）水稻精确定量栽培技术推广。项目编号320623－2013－14，合同经费5万元。

4. 海门市

承担项目10个，涉及四甲镇头桥村、二桥村和余合村，王浩镇五总村和新岸村。计划要求：推广新技术 10 项、规模 0.89 万亩；科技培训 2420 人次。

（1）鲜食蚕豆优质高产栽培技术推广。项目编号 320684 - 2013 - 01，合同经费 5 万元。

（2）鲜食玉米优质高产栽培技术推广。项目编号 320684 - 2013 - 02，合同经费 5 万元。

（3）特经特粮高效种植模式及配套技术推广。项目编号 320684 - 2013 - 03，合同经费 5 万元。

（4）棉田高效立体种植技术推广。项目编号 320684 - 2013 - 04，合同经费 5 万元。

（5）棉花主要病虫害综合防治技术推广。项目编号 320684 - 2013 - 05，合同经费 5 万元。

（6）双低油菜秋发冬壮高产栽培技术推广。项目编号 320684 - 2013 - 06，合同经费 5 万元。

（7）四青作物高效种植模式及配套技术推广。项目编号 320684 - 2013 - 19，合同经费 5 万元。

（8）设施西瓜高效栽培技术推广。项目编号 320684 - 2013 - 20，合同经费 5 万元。

（9）杂交油菜优质高产栽培技术推广。项目编号 320684 - 2013 - 21，合同经费 5 万元。

（10）设施蔬菜病虫害综合控防技术推广。项目编号 320684 - 2013 - 22，合同经费 5 万元。

5. 通州区

承担项目 9 个，涉及西亭镇八总桥村和亭东村。计划要求：推广新技术 9 项、规模 1.0 万亩；科技培训 2205 人次。

（1）水稻机插高产栽培技术推广。项目编号 320683 - 2013 - 01，合同经费 4.3 万元。

（2）水稻精确定量施肥技术推广。项目编号 320683 - 2013 - 02，合同经费 4.9 万元。

（3）水稻病虫害综合防治技术推广。项目编号 320683 - 2013 - 03，合同经费 4.5 万元。

（4）稻茬麦免少耕机械匀播技术推广。项目编号 320683 - 2013 - 04，合同经费 4.8 万元。

（5）弱筋小麦品质调优技术推广。项目编号 320683 - 2013 - 05，合同经费 4.3 万元。

（6）小麦病虫害综合防治技术推广。项目编号 320683 - 2013 - 06，合同经费 4.3 万元。

（7）油菜优质高产配套栽培技术推广。项目编号 320683 - 2013 - 07，合同经费 4.3 万元。

（8）蔬菜主要病虫害防治技术推广。项目编号 320683 - 2013 - 08，合同经费 4.3 万元。

（9）蔬菜多熟种植模式及配套技术推广。项目编号 320683 - 2013 - 09，合同经费 4.3 万元。

6. 启东市

承担项目 10 个，涉及王鲍镇新港村、大生村、合南村、久西村和就东村。计划要求：推广新技术 10 项、规模 0.92 万亩；科技培训 2625 人次。

（1）鲜食蚕豆优质高产栽培技术推广。项目编号 320681 - 2013 - 01，合同经费 5 万元。

（2）鲜食玉米优质高产栽培技术推广。项目编号 320681 - 2013 - 02，合同经费 5 万元。

（3）鲜食毛豆优质高产栽培技术推广。项目编号 320681 - 2013 - 03，合同经费 5 万元。

（4）四青作物高效种植模式及配套技术推广。项目编号

320681 - 2013 - 04，合同经费 5 万元。

（5）葡萄优质高效栽培技术推广。项目编号 320681 - 2013 - 05，合同经费 5 万元。

（6）西（甜）瓜优质高效栽培技术推广。项目编号 320681 - 2013 - 06，合同经费 5 万元。

（7）玉米主要病虫害综合防治技术推广。项目编号 320681 - 2013 - 07，合同经费 5 万元。

（8）设施蔬菜病虫害综合防治技术推广。项目编号 320681 - 2013 - 08，合同经费 5 万元。

（9）大棚设施周年利用高效模式及配套技术推广。项目编号 320681 - 2013 - 09，合同经费 5 万元。

（10）双低油菜秋发冬壮高产栽培技术推广。项目编号 320681 - 2013 - 10，合同经费 5 万元。

（七）2014 年科技推广任务

1. 如皋市

承担项目 10 个，涉及城南街道肖陆村、新华社区和马塘社区，东陈镇徐湾村、石池村和南东陈社区，城北街道平园池村。计划要求：推广新技术 7 项、规模 2.0 万亩；科技培训 2865 人次。

（1）水稻机插高产栽培技术推广。项目编号 320682 - 2014 - 01，合同经费 5 万元。

（2）水稻病虫害综合防治技术推广。项目编号 320682 - 2014 - 02，合同经费 5 万元。

（3）稻草全量高效还田与稻茬麦全苗壮苗技术推广。项目编号 320682 - 2014 - 03，合同经费 5 万元。

（4）小麦病虫害综合防控技术推广。项目编号 320682 - 2014 - 04，合同经费 5 万元。

（5）水稻机插高产栽培技术推广。项目编号 320682 - 2014 -

05，合同经费5万元。

（6）小麦机械条播高产栽培技术推广。项目编号320682－2014－06，合同经费5万元。

（7）水稻病虫害综合防治技术推广。项目编号320682－2014－07，合同经费5万元。

（8）秸秆还田小麦高产栽培技术推广。项目编号320682－2014－08，合同经费5万元。

（9）麦秸还田水稻高产高效配套技术推广。项目编号320682－2014－09，合同经费5万元。

（10）小麦病虫害综合防治技术推广。项目编号320682－2014－10，合同经费5万元。

2. 海安县

承担项目6个，涉及角斜镇五虎村、角斜村和建场村，大公镇仲洋村和于坝村。计划要求：推广新技术6项、规模1.2万亩；科技培训1680人次。

（1）水稻精确定量高产栽培技术推广。项目编号320621－2014－01，合同经费5万元。

（2）水稻病虫害综合防治技术推广。项目编号320621－2014－02，合同经费5万元。

（3）稻草全量高效还田技术推广。项目编号320621－2014－03，合同经费5万元。

（4）小麦机械条播高产栽培技术推广。项目编号320621－2014－04，合同经费5万元。

（5）机插稻节水灌溉及精确定量栽培技术推广。项目编号320621－2014－05，合同经费5万元。

（6）秸秆还田小麦高产栽培技术推广。项目编号320621－2014－06，合同经费5万元。

3. 如东县

承担项目 13 个，涉及洋口镇新坝村和池塘村，双甸镇曙光村，丰利镇九和村，袁庄镇大袁庄村，曹埠镇堤南社。计划要求：推广新技术 10 项、规模 2.44 万亩；科技培训 3515 人次。

（1）水稻精确定量栽培技术推广。项目编号 320623 - 2014 - 01，合同经费 5 万元。

（2）水稻病虫害综合防控技术推广。项目编号 320623 - 2014 - 02，合同经费 5 万元。

（3）小麦机械条播高产栽培技术推广。项目编号 320623 - 2014 - 03，合同经费 5 万元。

（4）小麦病虫害综合防控技术推广。项目编号 320623 - 2014 - 04，合同经费 5 万元。

（5）水稻机插高产栽培技术推广。项目编号 320623 - 2014 - 05，合同经费 5 万元。

（6）水稻测土配方施肥技术推广。项目编号 320623 - 2014 - 06，合同经费 5 万元。

（7）小麦精确定量高产栽培技术推广。项目编号 320623 - 2014 - 07，合同经费 5 万元。

（8）小麦病虫害综合防控技术推广。项目编号 320623 - 2014 - 08，合同经费 5 万元。

（9）大棚设施周年利用模式及高效配套技术推广。项目编号 320623 - 2014 - 09，合同经费 5 万元。

（10）水稻病虫害综合防治技术推广。项目编号 320623 - 2014 - 10，合同经费 5 万元。

（11）秸秆还田小麦高产栽培技术推广。项目编号 320623 - 2014 - 11，合同经费 5 万元。

（12）机插稻节水灌溉及精确定量栽培技术推广。项目编号

320623 - 2014 - 12，合同经费 5 万元。

（13）小麦病虫害综合防治技术推广。项目编号 320623 - 2014 - 13，合同经费 5 万元。

4. 海门市

承担项目 5 个，涉及悦来镇忠义村、启文村、保卫村、云彩村、匡南村和习正村，余东镇启勇村、新河村、新富村和富民村。计划要求：推广新技术 5 项、规模 0.7 万亩；科技培训 1335 人次。

（1）移栽油菜秋发冬壮高产栽培技术推广。项目编号 320684 - 2014 - 01，合同经费 5 万元。

（2）四青作物优质高产栽培技术推广。项目编号 320684 - 2014 - 02，合同经费 5 万元。

（3）特粮特经高效种植模式及配套技术推广。项目编号 320684 - 2014 - 03，合同经费 5 万元。

（4）鲜食蚕豆病虫害综合控防技术推广。项目编号 320684 - 2014 - 07，合同经费 5 万元。

（5）耕层培肥及瓜果类蔬菜优质高产栽培技术推广。项目编号 320684 - 2014 - 08，合同经费 5 万元。

5. 通州区

承担项目 2 个，涉及西亭镇草庙村、西禅寺村和西亭居委会。计划要求：推广新技术 2 项、规模 0.4 万亩；科技培训 585 人次。

（1）小麦机械条播高产栽培技术推广。项目编号 320683 - 2014 - 01，合同经费 5 万元。

（2）水稻机插高产栽培技术推广。项目编号 320683 - 2014 - 02，合同经费 5 万元。

6. 启东市

承担项目 6 个，涉及王鲍镇久隆村、久东村和更生村，南阳镇启兴村、耕南村、乐庭村和新河村。计划要求：推广新技术 6 项、规模 0.83 万亩；科技培训 1605 人次。

（1）移栽油菜秋发冬壮高产栽培技术推广。项目编号 320681 -
2014 - 01，合同经费 5 万元。

（2）大葱优质高产栽培技术推广。项目编号 320681 - 2014 -
02，合同经费 5 万元。

（3）鲜食大豆"青酥 5 号、青酥 6 号"优质高产栽培技术推
广。项目编号 320681 - 2014 - 03，合同经费 5 万元。

（4）特粮特经高效种植模式及配套技术推广。项目编号
320681 - 2014 - 04，合同经费 5 万元。

（5）鲜食蚕豆（大豆）病虫害综合控防技术推广。项目编号
320681 - 2014 - 05，合同经费 5 万元。

（6）设施蔬菜综合节水及优质高产栽培技术推广。项目编号
320681 - 2014 - 06，合同经费 5 万元。

（八）2015 年科技推广任务

1. 如皋市

承担项目 12 个，涉及丁堰镇堰南社区和鞠庄社区，搬经镇严
鲍村和群岸村，如城街道方庄村，九华镇耿扇村和丝渔村。计划要
求：推广新技术 9 项、规模 2.46 万亩；科技培训 3690 人次。

（1）麦秸全量还田轻简稻作高产配套技术推广。项目编号
320682 - 2015 - 01，合同经费 5 万元。

（2）水稻病虫害综合防治技术推广。项目编号 320682 - 2015 -
02，合同经费 5 万元。

（3）稻秸全量还田小麦机条播高产技术推广。项目编号
320682 - 2015 - 03，合同经费 5 万元。

（4）水稻节水灌溉高产高效配套技术推广。项目编号 320682 -
2015 - 04，合同经费 5 万元。

（5）麦秸全量还田与水稻高效施肥技术推广。项目编号

320682 - 2015 - 05，合同经费 5 万元。

（6）水稻化学农药减量高效技术推广。项目编号 320682 - 2015 - 06，合同经费 5 万元。

（7）稻秸全量还田与稻茬麦全苗壮苗技术推广。项目编号 320682 - 2015 - 07，合同经费 5 万元。

（8）土壤有机培肥耕层保育综合配套技术推广。项目编号 320682 - 2015 - 08，合同经费 5 万元。

（9）水稻节水灌溉高产高效配套技术推广。项目编号 320682 - 2015 - 09，合同经费 5 万元。

（10）稻秸全量高效还田技术推广。项目编号 320682 - 2015 - 10，合同经费 5 万元。

（11）土壤有机培肥耕层保育综合配套技术推广。项目编号 320682 - 2015 - 11，合同经费 5 万元。

（12）水稻节水灌溉高产高效配套技术推广。项目编号 320682 - 2015 - 12，合同经费 5 万元。

2. 海安县

承担项目 10 个，涉及墩头镇东湖村、西湖村、禾庄村和仇湖村，大公镇仲洋村，南莫镇朱楼村和林庙村，曲塘镇李庄村和万杨村。计划要求：推广新技术 8 项、规模 2.0 万亩；科技培训 3090 人次。

（1）水稻节水灌溉高产高效配套技术推广。项目编号 320621 - 2015 - 01，合同经费 5 万元。

（2）水稻病虫害综合防治技术推广。项目编号 320621 - 2015 - 02，合同经费 5 万元。

（3）稻秸全量高效还田技术推广。项目编号 320621 - 2015 - 03，合同经费 5 万元。

（4）麦秸全量还田轻简稻作高产配套技术推广。项目编号

320621 - 2015 - 04，合同经费 5 万元。

（5）麦秸全量还田水稻机插丰产高效技术推广。项目编号 320621 - 2015 - 05，合同经费 5 万元。

（6）稻秸全量还田小麦机条播高产技术推广。项目编号 320621 - 2015 - 06，合同经费 5 万元。

（7）水稻节水灌溉高产高效配套技术推广。项目编号 320621 - 2015 - 07，合同经费 5 万元。

（8）稻秸全量还田与稻茬麦全苗壮苗技术推广。项目编号 320621 - 2015 - 08，合同经费 5 万元。

（9）土壤有机培肥耕层保育综合配套技术推广。项目编号 320621 - 2015 - 09，合同经费 5 万元。

（10）水稻节水灌溉高产高效配套技术推广。项目编号 320621 - 2015 - 10，合同经费 5 万元。

3. 海门市

承担项目 4 个，涉及包场镇凤飞村、锦明村和福良村，正余镇河岸村和三合村，常乐镇培才村和双乐村。计划要求：推广新技术 4 项、规模 0.7 万亩；科技培训 1155 人次。

（1）油菜田有机培肥及其秋发冬壮高产技术推广。项目编号 320684 - 2015 - 01，合同经费 5 万元。

（2）设施蔬菜病虫害综合防治技术推广。项目编号 320684 - 2015 - 02，合同经费 5 万元。

（3）水稻节水灌溉综合增效高产配套技术推广。项目编号 320684 - 2015 - 03，合同经费 5 万元。

（4）土壤有机培肥耕层保育综合配套技术推广。项目编号 320684 - 2015 - 04，合同经费 5 万元。

4. 启东市

承担项目 8 个，涉及吕四镇六斧头村、如意村、天汾镇村和闸河村，汇龙镇正诗村和大陆村，海复镇三圩村。计划要求：推广新技术7项、规模1.5万亩；科技培训2370人次。

（1）油菜田有机培肥及其秋发冬壮高产技术推广。项目编号320681－2015－01，合同经费5万元。

（2）小麦病虫害综合防治技术推广。项目编号320681－2015－02，合同经费5万元。

（3）土壤有机培肥耕层保育综合配套技术推广。项目编号320681－2015－03，合同经费5万元。

（4）玉米病虫害高效控防及农药减量技术推广。项目编号320681－2015－04，合同经费5万元。

（5）蔬菜病虫害高效控防及农药减量技术推广。项目编号320681－2015－05，合同经费5万元。

（6）土壤地力提升及其油菜丰产高效技术推广。项目编号320681－2015－06，合同经费5万元。

（7）土壤有机培肥耕层保育综合配套技术推广。项目编号320681－2015－07，合同经费5万元。

（8）鲜食蚕豆、毛豆病虫害高效控防及农药减量技术推广。项目编号320681－2015－08，合同经费5万元。

二、省级高沙土开发科技推广任务

（一）2008年科技推广任务

承担如皋市项目11个，涉及高明镇卢庄村和刘庄村，桃园镇马塘村和桃北村，九华镇二甲村和郭里村，下原镇腰庄村和白里村，袁桥镇花园桥村。计划要求：推广新品种5个、规模0.18万亩；新技术16项、规模2.0万亩；科技培训4200人次。

（1）桑园高产高效生产技术的推广。项目编号320682（G）－2008－01，合同经费7万元。

（2）甜豌豆优质高效生产技术的推广。项目编号320682（G）－

2008 - 02，合同经费 6 万元。

（3）水稻轻简栽培优质高效生产技术的推广。项目编号 320682（G）- 2008 - 03，合同经费 6.5 万元。

（4）水稻精确化定量管理技术的推广。项目编号 320682（G）- 2008 - 04，合同经费 5.75 万元。

（5）水蜜桃优质高效生产技术的推广。项目编号 320682（G）- 2008 - 05，合同经费 4 万元。

（6）水稻精确化定量管理技术的推广。项目编号 320682（G）- 2008 - 06，合同经费 4.8 万元。

（7）秸秆还田循环利用高效配套技术的推广。项目编号 320682（G）- 2008 - 07，合同经费 4 万元。

（8）水稻轻简栽培优质高效生产技术的推广。项目编号 320682（G）- 2008 - 08，合同经费 6.5 万元。

（9）秸秆还田循环利用高效配套技术的推广。项目编号 320682（G）- 2008 - 09，合同经费 5.2 万元。

（10）杭白菊优质高效生产技术的推广。项目编号 320682（G）- 2008 - 10，合同经费 4 万元。

（11）多元集约种植模式及优质高效技术的推广。项目编号 320682（G）- 2008 - 11，合同经费 6 万元。

（二）2009 年科技推广任务

承担如皋市项目 6 个，涉及吴窑镇长庄村、长西村和立新村，九华镇赵元村和如海村。计划要求：推广新品种 3 个、规模 0.13 万亩；新技术 8 项、规模 1.04 万亩；科技培训 2050 人次。

（1）稻麦秸秆全量还田保护性耕作技术模式推广。项目编号 320682（G）- 2009 - 01，合同经费 6.8 万元。

（2）水稻高产优质配套技术的集成示范与推广。项目编号 320682（G）- 2009 - 02，合同经费 6.2 万元。

（3）弱筋小麦高产优质配套技术的集成示范与推广。项目编号320682（G）-2009-03，合同经费6.2万元。

（4）双低油菜优质高效生产技术推广。项目编号320682（G）-2009-04，合同经费6.8万元。

（5）设施草莓、葡萄优质高效生产技术推广。项目编号320682（G）-2009-05，合同经费4万元。

（6）稻麦秸秆还田高产高效配套技术推广。项目编号320682（G）-2009-06，合同经费4.8万元。

（三）2010年科技推广任务

承担如皋市项目12个，涉及郭元镇谢楼村和范刘村，白蒲镇康庄村和文峰村，柴湾镇天河桥村和桥港村，桃园镇申徐村、夏庄村和左邬村，磨头镇高庄村和高李村。计划要求：推广新品种6个、规模0.17万亩；新技术13项、规模1.95万亩；科技培训4080人次。

（1）设施保护地立体种植模式及其配套技术推广。项目编号320682（G）-2010-01，合同经费6.3万元。

（2）秸秆全量还田小麦全苗壮苗技术推广。项目编号320682（G）-2010-02，合同经费5.9万元。

（3）大白菜优质高效栽培技术推广。项目编号320682（G）-2010-03，合同经费6.5万元。

（4）多元集约种植模式及优质高效栽培技术推广。项目编号320682（G）-2010-04，合同经费5.7万元。

（5）水稻精确定量栽培技术推广。项目编号320682（G）-2010-05，合同经费6.8万元。

（6）大棚设施周年利用及其高效种植技术推广。项目编号320682（G）-2010-06，合同经费6.4万元。

（7）草莓-水稻轮作模式高效栽培技术推广。项目编号

320682（G）-2010-07，合同经费5.8万元。

（8）稻麦病虫害无公害控防技术推广。项目编号320682（G）-2010-08，合同经费6.4万元。

（9）稻茬小麦免（少）耕匀播技术推广。项目编号320682（G）-2010-09，合同经费5.8万元。

（10）水稻机插高产栽培技术推广。项目编号320682（G）-2010-10，合同经费6.8万元。

（11）葡萄新品种引进及其示范推广。项目编号320682（G）-2010-11，合同经费5.88万元。

（12）弱筋小麦品质调优技术推广。项目编号320682（G）-2010-12，合同经费6.6万元。

（四）2011年科技推广任务

承担如皋市项目15个，涉及九华镇杨码村和郭洋村，吴窑镇平田村，下原镇沈阳居，高明镇胜利村和西庄村，如城镇凌青村。计划要求：推广新技术15项、规模1.37万亩；科技培训4050人次。

（1）水稻精确定量栽培技术推广。项目编号320682（G）-2011-01，合同经费5.4万元。

（2）秸秆全量还田小麦全苗壮苗技术推广。项目编号320682（G）-2011-02，合同经费5.2万元。

（3）棉花-荷仁豆高效种植模式推广。项目编号320682（G）-2011-03，合同经费5万元。

（4）机插稻丰产高效栽培技术推广。项目编号320682（G）-2011-04，合同经费5.4万元。

（5）大棚设施周年利用模式及配套技术推广。项目编号320682（G）-2011-05，合同经费5万元。

（6）有机蔬菜栽培技术推广。项目编号320682（G）-2011-

06，合同经费 5.2 万元。

（7）优质稻节水灌溉技术推广。项目编号 320682（G）－2011－07，合同经费 5.4 万元。

（8）弱筋小麦品质调优标准化栽培技术推广。项目编号 320682（G）－2011－08，合同经费 5.2 万元。

（9）设施蔬菜优质高效种植技术推广。项目编号 320682（G）－2011－09，合同经费 5 万元。

（10）白毛木耳优质高效栽培技术推广。项目编号 320682（G）－2011－10，合同经费 5.2 万元。

（11）草坪病虫草害综合治理技术推广。项目编号 320682（G）－2011－11，合同经费 5.2 万元。

（12）苗木快速繁育技术推广。项目编号 320682（G）－2011－12，合同经费 5.2 万元。

（13）大棚西瓜优质高效栽培技术推广。项目编号 320682（G）－2011－13，合同经费 4.2 万元。

（14）桑园高产高效标准化管理技术推广。项目编号 320682（G）－2011－14，合同经费 4.5 万元。

（15）麦秸全量还田水稻高产配套技术推广。项目编号 320682（G）－2011－15，合同经费 4.5 万元。

（五）2012 年科技推广任务

承担如皋市项目 10 个，涉及白蒲镇杨家园和塘堡村，袁桥镇浦东村，吴窑镇沈甸村和何柳村，江安镇曹杜村和联络村，石庄镇唐埠村和思江村。计划要求：推广新品种 4 个、规模 0.7 万亩；新技术 10 项、规模 1.52 万亩；科技培训 2705 人次。

（1）大白菜优质高产栽培技术推广。项目编号 320682（G）－2012－01，合同经费 5 万元。

（2）秸秆还田小麦全苗壮苗技术推广。项目编号 320682（G）－

2012 - 02，合同经费 5.3 万元。

（3）扬麦 14 小麦高产栽培技术推广。项目编号 320682（G）- 2012 - 03，合同经费 5.3 万元。

（4）大棚西瓜优质高产栽培技术推广。项目编号 320682（G）- 2012 - 04，合同经费 5 万元。

（5）桑园高产高效管理技术推广。项目编号 320682（G）- 2012 - 05，合同经费 5.3 万元。

（6）小麦精确定量高产栽培技术推广。项目编号 320682（G）- 2012 - 06，合同经费 5 万元。

（7）弱筋小麦品质调优技术推广。项目编号 320682（G）- 2012 - 07，合同经费 5 万元。

（8）通粳 981 水稻优质高产栽培技术推广。项目编号 320682（G）- 2012 - 08，合同经费 5.3 万元。

（9）水稻机插高产栽培技术推广。项目编号 320682（G）- 2012 - 09，合同经费 5.3 万元。

（10）花生地膜覆盖高产栽培技术推广。项目编号 320682（G）- 2012 - 10，合同经费 5 万元。

三、海门市高标准农田建设科技推广任务

（一）2013 年科技推广任务

承担项目 4 个，涉及高新区振邦村和高桥村，常乐镇如意村和庵宝村，悦来镇万忠村。计划要求：推广新品种 4 个、规模 0.18 万亩；新技术 4 项、规模 0.22 万亩；科技培训 990 人次。

（1）猕猴桃新品种引进及设施种植技术推广。项目编号 hnk 2013 - 01，合同经费 8 万元。

（2）大棚草莓周年高效利用模式推广。项目编号 hnk 2013 - 02，合同经费 8 万元。

（3）球生菜"射手 101"优质高产栽培技术推广。项目编号

hnk 2013 - 03，合同经费 8 万元。

（4）玉米新品种"苏玉 30"示范及高产栽培技术推广。项目编号 hnk 2013 - 01，合同经费 8 万元。

（二）2014 年科技推广任务

承担项目 5 个，涉及余东镇新富村和富民村，工业园区瑞南村，常乐镇麟新村，高新区振邦村，开发区三南村和新远村。计划要求：推广新技术 5 项、规模 0.21 万亩；科技培训 710 人次。

（1）四色宝豆提纯复壮技术推广。项目编号 hnk 2014 - 01，合同经费 5 万元。

（2）有机花菜新品种引进及栽培技术推广。项目编号 hnk 2014 - 02，合同经费 5 万元。

（3）葡萄高产栽培技术推广。项目编号 hnk 2014 - 03，合同经费 5 万元。

（4）油桃高产栽培技术推广。项目编号 hnk 2014 - 04，合同经费 5 万元。

（5）水稻新品种引进及高产栽培技术推广。项目编号 hnk 2014 - 05，合同经费 5 万元。

第七章　南通科技推广取得的成效

【本章提要】历经 2004—2016 年这十三年的农业综合开发科技推广工作创新和实践，取得了显著的成效：一是确保了推广项目的高标准实施。累计推广涉及粮食、蔬菜、油料、棉花、蚕桑、花木、果树等优良品种 132 个，累计推广先进技术 571 项次，开展了 1595 个专题科技培训，累计培训农民 19.679 万人次。二是有效加强了基层农技队伍建设。乡镇农技人员中，235 名全程参与科技推广工作，42 人参与培训图书编写，10 名获江苏省农业技术推广奖，8 人获江苏省农业丰收奖，35 人获南通市农业技术推广奖。同时培植了一大批村级农技人员和富有活力的新型农业经营主体。三是有力支撑了产业协调与发展。促进了传统优势产业稳定与发展，支撑了新型主导产业提质与增效，奠定了现代农业高位推进的基础。四是取得了一系列科技推广新成果。强化优良品种与新技术新模式的辐射推广，不断放大推广成效，取得了 15 项科技成果，其中获奖成果 12 项、通过鉴定（或评价）成果 3 项。获奖成果中：获全国商业科技进步奖一等奖 1 项、二等奖 1 项，江苏省农业技术推广奖三等奖 1 项，获南通市政府、省农委、省农科院等市厅级科技成果一等奖 4 项、二等奖 2 项、三等奖 3 项。

第一节　高质量地完成了科技推广任务

创新农业综合开发科技推广工作，使得管理更规范、措施更务实、成效更显著。2004—2016 年，根据实际签订的科技推广项目（或技术推广委托任务）合同数统计，由江苏沿江地区农科所牵头承担的农业综合开发科技推广项目累计 490 个。其中，国家农业开发科技推广项目 423 个；省级高沙土开发科技推广项目 58 个；海门市（本级财政投入）高标准农田建设科技推广项目 9 个。每个项目均做到了高起点实施、高效率推进、高标准完成，所有项目按时序进度全部通过了验收结题。科技推广工作发挥了重要的示范引领作用，形成显著的社会经济效益。

一、有效发挥了品种更新的引导作用

在稻麦等作物良种补贴普惠性政策出台之前，农业综合开发科技措施中的新品种推广均通过补助方式加以引导。在国家良种补贴政策执行之后，为避免政策性重复补助，农业综合开发科技措施仅对良种补贴政策没有覆盖的作物新品种推广，采用补助方式引导其推广。据统计，2004—2016 年，纳入农业综合开发科技措施新品种推广的项目 101 个。涉及的水稻、小麦、油菜、棉花、蚕豆、玉米、大豆、豌豆、花生、西瓜、甜瓜、葡萄、草莓、桃、蚕桑、苗木、草坪、牧草、甜叶菊及各种类型蔬菜作物等，共推广新品种 132 个品种，这些纳入计划的优良品种在当年项目区推广面积 27.8035 万亩（次），其中纳入科技措施新品种推广补贴的品种 129 个、累计补助项目资金 383.054 万元。项目的实施，有效发挥了品种更新的引导作用。通过科技推广新品种的示范引领，加速了优良品种在项目区内推广及项目区周边地区辐射普及。

二、有效挖掘了主推技术的增效潜力

据统计，2004—2016 年，纳入农业综合开发科技措施有新技术推广的项目 487 个，累计推广先进实用技术 571 项次（不同项目区之间累加计算）。其中，涉及优质粮油产业（相关联的有水稻、小麦、油菜等作物及稻田高效模式）共推广先进实用技术 324 项次；

特粮特经产业（关联的有玉米、大豆、蚕豆、豌豆、花生、棉花、甜叶菊等作物及旱田高效模式）共推广先进实用技术 73 项次；优质果蔬产业（相关联的有葡萄、柑橘、桃、草莓、西瓜、甜瓜、青花菜、榨菜、大葱、大白菜、芦笋等各种类型蔬菜及大棚设施周年高效模式）共推广先进实用技术 142 项次；蚕桑苗木产业（关联的有桑树、花卉、草坪、苗木等及桑园立体种植高效模式）共推广先进实用技术 32 项次。2004—2016 年，项目区内围绕农业综合开发新技术推广，组织建立科技示范方 590 个，示范方累计面积 6.785 万亩；各类先进实用技术在当年的项目区推广累计面积 118.52 万亩；通过增加产量、节省生产成本、品质提高等途径，实现当年的项目区农田直接增加收益累计 19 495.35 万元。

三、有效提高了基层干群的文化素质

农业综合开发科技措施中均安排了与新品种、新技术推广相配套的科技培训。据统计，2004—2016 年承担的科技推广项目实施过程中，累计开展了 1595 个专题科技培训，累计培训项目区农民 19.679 万人次。其中，国家农业开发科技推广开展了 1358 个专题培训、培训 16.471 万人次，包括开展了如皋市 389 个专题培训、培训 5.115 万人次，海安县 294 个专题培训、培训 3.352 万人次，如东县 233 个专题培训、培训 2.944 万人次，海门市 175 个专题培训、培训 1.697 万人次，通州区（市）157 个专题培训、培训 2.088 万人次，启东市 110 个专题培训、培训 1.275 万人次；省级高沙土开发科技推广开展了 210 个专题培训、培训 3.030 万人次，包括开展了如皋市 201 个专题培训、培训 2.903 万人次，海安县 9 个专题培训、培训 0.127 万人次；海门市（本级财政投入）高标准农田建设科技推广开展 27 个专题培训、培训 0.178 万人次。项目实施过程中，累计发放科技普及图书 20.258 万册。

第二节　有效加强了基层农技队伍建设

创新农业综合开发科技推广工作，使得项目镇、实施村组的农业技术人员参与项目实施，使得项目区内相关产业的专业合作社、家庭农场等新型农业经营主体直接融入，帮助提升了基层农业技术人员的业务能力，加快了新型农业经营主体的培育和发展。

一、吸纳乡镇农技人员全程参与科技推广

农业综合开发科技推广项目，实施地点随着项目区的变化而变化，且推广地点仅限定在项目区内。在具体实践中，我们广泛吸纳项目镇农技推广人员参与科技推广工作，根据专业特点组建由科技推广单位和项目镇农业服务中心共同参加的科技推广项目组，在实现科教单位专业技术人员与基层技术推广人员优势互补的同时，通过让乡镇农技人员全程参与科技推广工作，提升其专业知识和业务素质，促使其在工作中学习、在实践中提高。项目镇农技人员的工作内容包括：参与推广实施方案的研讨和推广计划的确定；参与示范户、示范方的确定、组织与协调；参与技术指导与咨询服务；参与培训组织、培训资料编写；负责用于科技示范的生产资料补贴工作等。

据统计，2004—2016 年承担农业综合开发任务的项目镇农业技术推广队伍中，累计有 235 名科技人员吸纳到项目组全程参与科技推广工作，42 人直接参与了农民培训科技图书的编写。由于在参与实施的农业综合开发科技推广取得的突出业绩，有 10 名项目镇农技推广人员获得江苏省农业技术推广奖、8 人获得江苏省农业丰收奖、35 人获得南通市农业技术推广成果奖。

二、引导村级农技人员发挥骨干示范作用

村级农技人员最贴近农民和生产实际，最懂得所在地的农业科技需求和农民"语言"，其农业知识和能力水平的高低，对新品种、

新技术普及具有重要影响。原先由于对村级农技队伍建设重视不够，兼职化现象普遍，知识更新和能力提升缺乏有效渠道，科技推广的服务能力不够，造成了"有其名而无其实"。在具体实践中，我们将项目所在村的村级农技人员、具有一定文化水平的相对年轻的务农人员纳入科技示范骨干户加以重点指导和培植，在安排其参与一部分科技推广协调工作的同时，促使其带头承担新品种、新技术的示范工作，并按照相对较高标准进行考核、考评，有效发挥其骨干示范作用。

三、提升新型农业经营主体示范引领功能

农业生产中经营规模小、方式粗放、劳动力老龄化、组织化程度低、服务体系不健全等问题较为突出，构建集约化、专业化、组织化、社会化相结合的新型农业经营体系，大力培育专业大户、家庭农场、专业合作社等新型农业经营主体，发展多种形式的农业规模经营和社会化服务，有利于有效化解这些问题，促进现代农业发展。在具体实践中，强化与项目区内专业大户、家庭农场和专业合作社等新型农业经营主体的对接，常态化开展技术咨询和科技指导服务，将其规模化种植区建设成高标准的农业综合开发科技示范区，不断提升其示范功能，有效发挥其在新品种、新技术推广过程中的引领作用。

第三节　有力地支撑了产业协调与发展

南通的农业综合开发高起点规划、高标准推进，实现了资源保障水平稳中有进、农产品产出水平不断增加、产业化水平显著提升、结构与效益明显优化、物质装备与科技含量明显提高、经营管理水平不断改善、生态环境显著优化，有效促进了传统优势产业、新型主导产业的协调与发展，并奠定了现代农业的发展基础。

一、促进了传统优势产业稳定与发展

稻、麦是南通市最重要的两大粮食作物，南通也是稻麦两熟种

植制高产区。通过稻麦品种持续更新，重点推广机插稻、机播麦等机械化生产模式，集成配套秸秆全量还田、精确定量肥水管理、农药减量高效使用及病虫草综合控防等关键技术，不断提升稻麦机械化生产和规模化经营的水平，既解决了秸秆焚烧的社会性难题，又实现了培肥耕层、化肥农药等投入品减量高效利用的生态建设目标，实现稻麦周年协调丰产增效。南通现已成为优质粳稻、弱筋型等优质专用小麦的重要生产基地，优质稻麦产业在实现丰产、提质、增效过程中得到新提升、新发展。

油菜是南通市种植面积最大的油料作物，南通沿江沿海旱作区是江苏省乃至全国双低油菜的重点产区，油菜单产一直处于长江流域领先水平，在全国也有重要地位。通过油菜品种持续更新，重点推广油菜秋发冬壮技术模式，集成配套壮苗培育及定植、测土配方施肥、抗逆应变管理及病虫害综合高效控防等关键技术，有效挖掘了旱作田资源高效利用潜力，促进油菜生产水平大幅提高，显著增强了油菜综合生产能力，实现了优质油菜产业稳定发展，对确保南通乃至江苏全省优质食用油供应和社会稳定发挥了重要作用。

养蚕业是南通农村重要副业，南通市系沿江沿海平原产区，其蚕桑生产水平高，茧丝质量好，茧丝加工需求量大，是我国最具影响的蚕桑传统种植区之一，更是江苏省蚕桑生产规模最大、蚕桑关联产业最多、带动农民致富功能最强的区域，其所辖的 6 县（市区）均被农业部列为特色农产品（特色纤维）优势产区。然而，受国内外茧丝行情持续低迷和农村劳动力成本上涨的影响，蚕桑生产比较优势逐步丧失，仅靠单一栽桑养蚕已难以满足农民对经济效益的追求，蚕桑规模下滑。通过桑树品种更新，重点推广桑树高产高效标准化管理及其桑园立体种植模式，实现桑园综合效益的有效提升。一方面为社会提供丰富多样蔬菜等农产品，推进蔬菜及其他相关产业（如套种牧草发展养羊业）发展；另一方面通过桑园综合增效，有效防范因蚕茧价格市场波动对蚕桑产业的影响。海安鑫缘茧丝绸集团综合实力排名全国同行业第二，带动了 20 多万亩的蚕桑生产。

二、支撑了新型主导产业提质与增效

随着市场对鲜食果品、优质蔬菜需求量不断增加，葡萄、梨园在南通具有较强的区域优势，名特蔬菜设施化、集约化、优质化栽培与模式创新已成为实现农田增效的重要途径，优质果蔬产业已成为南通农业新型主导产业。农业综合开发科技措施的落实，葡萄等果树优良品种得到更新，同时通过集成配套葡萄避雨栽培、大棚覆盖早熟栽培及其优质高效管理等技术措施，实现葡萄等果品高档化生产、品种多样化布局、葡萄均衡供应多季节上市等目标，达到农田显著增效、农民显著增收；茗荷、洋扁豆、香芋、黑塌菜、如皋白萝卜、香堂芋、双胞山药、青皮长茄等地方蔬菜优质资源得到挖掘，榨菜、野渍菜、小菘菜、广岛菜、青花菜、大叶菠菜等适种蔬菜优良品种通过筛选得到推广，通过集成配套壮苗培育与定植、安全优质栽培、丰产增效管理等技术，实现了蔬菜产品安全、高品质，推进了优质蔬菜产业的快速发展。例如，南通榨菜实现了规模化、标准化和模式化种植，成功地推动了我国榨菜规模化产业基地的北移；大葱种植规模迅速扩大，实现我国大葱产业基地的南迁；此外，青花菜、芦笋、沿海地区出口盐渍蔬菜等得到规模化发展与产业化配套。

四青作物［青蚕豆（豌豆）、青毛豆、青玉米、青花生］得名在南通，其产业源于、并发展于南通，一直领跑江苏全省，并在全国也有较大影响。通过优良品种持续更新，集成优化四青作物优质高效栽培、产品均衡供应多季节栽培、多元集约周年增效模式等配套技术，实现了四青产品对接市场需求，其品质得到了显著提升，供应季节实现了有效拓展。直接面向上海大都市和苏南经济发达区对优质农产品的需求，服务于沿海地区外向型农业

发展的功能定位，南通现已成为四青类作物、盐渍类蔬菜、速冻类蔬菜等产业化程度高、规模大的重点地区，拥有加工能力1000吨以上的农产品加工企业30多家，年加工能力35万吨左右，加工包括四青作物在内的优质农产品30万吨左右，农民经纪人活跃，专业合作组织发展迅猛。国家级农业产业化重点龙头企业江苏中宝集团豆黍类速冻能力全国第一，带动了海门20多万亩四青作物生产。

三、奠定了现代农业高位推进的基础

南通农业综合开发的高标准实施，有力支撑了一批新兴特色高效农业园区和基地加速建设，推进了农村经济繁荣和现代农业产业发展。农产品区域化、专业化、标准化、规模化生产的格局已经形成，加速了优势产品形成优势产业、优势产业向优势产区集聚，南通区域主导产业进一步凸现。例如，海安县的茧丝绸、禽蛋、紫菜、河豚产业，如皋市的花卉苗木、肠衣、长寿食品，如东县的海产品、出口蔬菜、苗猪，海门市的四青作物、海门山羊、设施果蔬，启东市的海产品、四青作物，通州区的水芹、设施蔬菜、优质粮油及休闲农业等区域特色进一步彰显。南通农业综合开发的实施成果，夯实了新形势下南通现代农业高起点定位与高标准发展基础。根据《南通市现代农业发展规划（2014—2020年）》，南通市现代农业发展定位为：国家现代高效农业示范区、江苏沿海农产品加工和出口集聚区、长三角休闲观光农业示范区。

——国家现代高效农业示范区。发挥沿海区位和资源优势，将特色产业做大做强，将优势产业做精做细，将基础产业做稳做实。重点发展优质粮油、绿色蔬菜、高效林果和生态畜禽等基础产业，大力发展海洋特色水产品养殖和加工产业，带动海洋休闲渔业等特色产业发展，不断延伸产业链条，推进滨海特色农业产业化进程，将南通市打造成为全国现代农业产业化发展样板区。

——江苏沿海农产品加工和出口集聚区。依托农业发展基础，加快推进农产品加工业发展。以园区建设为重点，着力推进农产品产地加工业，加快农产品加工集聚区建设；立足区位优势，强化产品特色，加强出口企业集群建设，不断拓展海外市场，大力发展外向型农业，将南通市打造成江苏省沿海农产品加工和出口集聚区。发挥长三角互联互通的区位优势，建设以南通市为核心，以长三角为腹地的现代农业物流体系。

——长三角休闲观光农业示范区。立足长三角，接轨上海都市圈，围绕生态文明城市、现代高效农业和高效农业规模化，突出江海文化特色，开发唯一性文化旅游资源，加快自然生态优势、农业产业优势和文化资源优势有机融合，融地域文化于观光采摘、休闲体验、农家旅游、科普展示等休闲农业产业发展中，以园区化、精品化、高端化为发展方向，大力发展特色休闲农业，打造休闲观光农业示范区。

第四节　取得了一系列科技推广新成果

南通农业综合开发科技推广工作的创新，推进了科技推广项目高起点设计、高质量完成。同时强化优良品种与新技术新模式的辐射推广，不断放大科技推广成效，取得了一系列农业科技推广成果，获各级各类科技成果奖12项，通过成果鉴定（或评价）正在报奖的有3项。获奖成果中：获中国商业联合会授予的全国商业科技进步奖一等奖1项，二等奖1项；获江苏省人民政府授予的江苏省农业技术推广奖三等奖1项；获江苏省农业委员会授予的江苏省农业丰收奖一等奖1项；获南通市人民政府授予的南通市农业科学技术推广奖一等奖2项，二等奖2项，三等奖3项；获江苏省农业科学院授予的首届社会科学优秀成果奖一等奖1项。

一、科技推广模式创新类成果

我们在农业综合开发科技推广工作的实践中，首创了"科技推广委托模式"及其项目任务合同制、首席专家负责制、实施过程监管制和工作绩效考评制"四制衔接"运行机制，实现了科技推广全程控制管理；构建了以"四有""三结合""两控制"为核心的方法体系，强化示范户培植，实施拓展式服务，推进协同化管理，确保了务实、规范和高效；形成了南通旱作区、稻作区、果蔬区和桑区的主导性技术体系。针对优质粮油、特粮特经、优质果蔬和蚕桑四大产业科技需求提出了主推及其配套技术，用于指导农业综合开发计划编报及科技推广项目实施，其创新成果在南通市农业综合开发科技推广工作中全面应用，取得了极其显著的社会经济效益。成果应用被中央电视台、新华日报等媒体报道，产生了较大的社会影响。由江苏省农业科学院、江苏省农业资源开发局、南京农业大学、江苏省农业委员会、江苏省作物栽培技术指导站、南通市农业委员会等单位专家组成鉴定委员会，对该成果进行了鉴定。专家们一致认为，成果在农业综合开发推广机制和应用方法上有明显创新，水平居国内领先，对全省乃至全国农业综合开发科技推广工作具有重要的引领作用。

围绕农业综合开发科技推广模式创建，相继获得 3 项科技成果奖。获奖成果分别是：①"江苏沿江集约农区农业综合开发科技推广与南通模式创建"，获全国商业科技进步奖一等奖（2015 年）；②"南通农业综合开发科技推广模式研制与应用"，获江苏省农业技术推广奖三等奖（2015 年）；③"农业综合开发科技推广及其新模式构建"，获南通市农业科学技术推广奖一等奖（2013 年）。

二、科技培训图书普及类成果

农业综合开发科技推广过程中，编写并出版了《区域优势作物高产高效种植技术》《优质水稻高产高效栽培技术（第二版）》《优质水稻高产高效栽培技术》《优质小麦高产高效栽培技术（第二版）》《优质小麦高产高效栽培技术》《稻麦丰产增效栽培实用技术》《稻麦优质高效生产百问百答》《优质油菜高产高效栽培技术》《四青作物优质高效栽培技术》《高产桑园管理及其间作技术》《大棚设施周年利用高效模式》《特种蔬菜优质高产栽培技术》《旱田多熟集约种植高效模式》《杂粮作物高产高效栽培技术》等农业综合开发科技推广系列科普图书。累计印刷发行 13.85 万册。《优质水稻高产高效栽培技术》《优质小麦高产高效栽培技术》《四青作物优质高效栽培技术》多次重印。《四青作物优质高效栽培技术》《高产桑园管理及其间作技术》被中国农业科学院网站重点推介。南通市将全套图书确定为全市所辖六县（市区）农业资源综合开发科技推广培训教材及科普宣传、送科技下乡等活动的科普用书。全面推进"培植科技示范户""建立科技示范区"的技术扩散模式，对项目区的科技示范户和科技示范区农户每户 1 册免费发放用作培训教材，根据技术推广要求组织专家对关键技术采用多媒体形式讲解和现场技术咨询，在农业综合开发项目镇近 400 个村（居）实现了上述科普图书全面覆盖，平均每 5 个农户就至少拥有 1 册图书。江苏、浙江、上海和安徽等地 40 多个县（市区）使用图书作培训教材。

系列科普图书的主要创新点：一是创新功能定位，体现丰产增效。针对集约农作特点，选取稻田、旱粮田、桑田和蔬菜田等类型，突出优质安全高效，强化对主导产业服务；二是创新内容编排，多种功能兼备。既概述基本知识，便于搞懂原理，又介绍基本操作，使农民能用；既有种植实例，让农民可学，又有系统的品种、病虫害、典型模式等信息查阅；三是创新组配形式，满足多重需求。《区域优势作物高产高效种植技术》涵盖了技术全貌，谓之母书，供农技人员知识提升。其余单册简明、实用，谓之子书，适于农民培训。母子式组配，满足不同层次需求。

"农作物优质高产及集约高效种植科普图书",获江苏省农业科学院社会科学优秀成果奖一等奖(2017年)。

三、旱作区农业科技推广成果

以实施旱作区农业综合开发科技推广项目为基础,强化辐射推广和技术集成,形成了9项科技成果(其中获奖成果7项)。主要成果介绍如下:

(1)旱作区特色作物多元高效种植模式及产业化关键技术集成与推广。该项成果优化开发了五类18型59种多元高效种植主体模式,集成了油菜秋发冬壮、蚕豆茬口高效配置、晚秋资源高效利用、特粮特菜优质栽培、桑(果)园立体种植5项关键技术,构建了旱作区资源集约高效利用技术体系。培育、引进和筛选出与多元集约种植模式相配套的特粮特菜系列品种,其中自主育成杂粮品种3个,筛选并推广特粮品种38个、特菜品种17个。研发出真空包装类、速冻保鲜类、盐渍加工类、即食加工类等系列化产品,完善配套了特粮特菜鲜品销售与产品加工相结合的产业化模式。该成果培植科技示范户2445个,建立核心示范区285个,常年培训农民12 500多人次,发放科普教材10.25万册和技术明白纸35.58万份,联合企业和合作社22家,有力推动了该成果的推广应用。2014—2016年累计推广609.55万亩,新增总经济效益264 050.15万元,其中,2016年推广215.79万亩(占适宜推广区83.03%)。2017年6月对该项成果进行了评价:总体水平居国内领先。此外,在旱作区多元种植模式应用方面取得了两项成果:一是"旱作区资源集约利用高效种植模式集成与推广",2016年5月通过科技成果鉴定,总体水平居国内领先;二是"特粮特经周年高效技术模式集成推广及产业化",获南通市农业科学技术推广奖一等奖(2015年)。

(2)江苏东南沿海地区榨菜集约高效种植模式研发及其产业化。该项成果研究并明确了榨菜在江苏东南沿海地区生态适应性,揭示了该地域暖冬年份降水较多的情况下有利于榨菜冬发与优质高产的趋势特征，明确了榨菜高效种植的技术途径，确立了"余缩1号""浙桐1号"等主推品种，研究建立了基于榨菜产量和品质同步提高的、从播种到采收的全程控制管理技术规范。研发出与江苏东南沿海地区主体农作类型相衔接的系列高效种植模式，即基于特粮特经田、棉田、梨园、桑园等冬季开发利用相配套的，榨菜接茬瓜果、接茬玉米、接茬棉花、梨园间作和桑园间作五型16种榨菜高效种植模式。通过关键技术集成配套，形成了标准化技术体系。确立了以农业综合开发为推动、科技培训和科普图书普及为手段、示范区建设为引导的推广形式，构建了企业加工外销型、农户腌制市售型、域外订单基地型有机结合的产销一体化产业发展模式。累计建成百亩规模示范方256个。创办了"南通市如桥菜业有限公司""如东县大同榨菜专业合作社"等榨菜加工企业或专业合作社30多个。农业综合开发科技推广项目实施与产业配套，成功推动了榨菜产业化基地的北移，对于区域特色农产品的深度开发、新型农作制度的构建及现代农业新生长点的培育均具有重大意义，该成果获全国商业科技进步奖二等奖（2015年）。此外，"榨菜标准化种植及高效模式的研究与应用"获南通市农业科学技术推广奖二等奖（2015年）。

（3）桑园立体种植高效模式研发与应用。该项成果研究提出了"以桑为主、市场导向、配置合理"的桑园冬季间作基本原则，以及"作物、时间和空间"三点有效配置的控制环节。开发并总结出与产品增收、桑园培肥和农牧结合三型相配套的间作蔬菜类、间作草莓类、间作绿肥类和间作牧草类共20种种植模式。明确了基于盐渍加工菜、速冻保鲜菜、鲜品应市菜（果）、畜禽饲草类、绿肥类五大目标功能的主导模式及其推广应用的主体区域，实现了桑园冬季间作与区域特色产业的有效对接。筛选出适于桑园冬季间作的优良品种 51 个，实现了桑园间作品种的全面更新和良种化栽培。研究规范化栽培管理技术，实现了优质高产、轻简增效和病虫综合防控等关键技术的集成配套，制定了省级标准 1 项、南通市标准 4 项。建立多部门联动、多学科互动的工作方式，推进了项目集成、技术培训、示范引导和产业配套四大环节的有机链接，建立桑园立体种植高效模式重点示范区 15 个（以乡镇为单位），其中千亩示范区 9 个、百亩示范方 71 个，培植重点示范村 102 个。农业综合开发科技推广项目实施与产业配套，有力推进了资源高效利用和蚕桑产业、蔬菜产业协调高效持续发展，该成果获江苏省农业丰收奖一等奖（2015 年）。此外，"桑园冬季间作高效模式及综合栽培技术集成与示范应用"获南通市农业科学技术推广奖三等奖（2015 年）。

（4）芦笋大棚周年覆盖长季节生产的技术集成与推广应用。该成果项目来源是国家农业综合开发土地治理科技推广项目"芦笋大棚覆盖设施栽培优质高效种植技术推广"（320623－2010－01）。该成果明确了南通市发展芦笋的生态适宜性及其优质高效技术途径、大棚周年覆盖下的优质增效机制和技术经济效果，提出了芦笋异形劣质笋及其主要病虫害的发生与控防措施，构建了芦笋大棚周年覆盖长季节栽培优质高效技术体系，成功实践了技术推广的有效模式与运行机制，有效推进了成果转化和效益提升。如东县曹埠镇的农业综合开发项目实施地（甜水村），芦笋大棚覆盖面积逐年扩大，按可采收产品的大棚种植面积统计，2011 年、2010 年分别达到 2200 亩、1450 亩，而 2009 年仅 230 亩。2009—2011 年这三年合计，大棚周年覆盖长季节生产高效模式的推广应用，新增产值 3744.6 万元，年增收节支总额 2686.3 万元。该成果获南通市农业科学技术推广奖三等奖（2012 年）。

四、稻作区农业科技推广成果

以实施稻作区农业综合开发科技推广项目为基础，强化辐射推广和技术集成，形成了 2 项科技成果（其中获奖成果 1 项）。主要成果介绍如下：

（1）麦秸还田水稻丰产增效栽培技术推广。该成果建立了麦秸高质量机械化全量还田的技术流程，明确了农机农艺有效配套的关键环节。明晰了适于机插的水稻盘育壮秧形态指标，构建了规模化育秧和秸秆还田下高质量机插的技术规范。集成了秸秆腐熟剂使用、水肥精确管理与病虫高效防控等配套技术。建立了多部门联动、多学科互动工作方式，实现了项目集成、技术培训和推广机制创新三大环节的有机链接，加速成果的推广应用。2013—2015 年在南通稻麦两熟种植区累计推广 592.60 万亩，增产稻谷 11.05 万吨，增加纯收益 4.592 亿元，南通适宜推广区应用覆盖率 90.26%（2015 年）。由南京农业大学、江苏省农科院、江苏省农业资源开发局、扬州大学、南通市农业委员会等单位专家组成的鉴定委员会认为：该成果系统性强，创新性突出，推广应用覆盖率高，社会经济生态效益显著。对于江苏省乃至长江中下游地区的秸秆还田水稻生产具有借鉴作用，总体水平居国内领先。

（2）稻草还田小麦高产高效关键技术集成创新与应用。该成果明确了稻草还田影响小麦成苗的障碍因子，揭示了稻草还田下小麦高产形成机制。研究配套了稻草还田下的麦田翻耕、优化播种和氮肥高效运筹等小麦高产关键技术，集成配套机械作业、逆境应变、病虫害等高产高效管理措施，建立了稻草还田小麦综合增效配套技术体系。建立了以国家农业综合开发土地治理项目为依托，在稻麦生产重点区域，建立成果示范展示区，强化示范户培植和示范方建设，以点带面、以点推面，加速成果的推广应用。2011—2014 年在南通稻麦两熟种植区累计推广 396.3 万亩，新增产值 2.37 亿元，新增纯收益 3.96 亿元，南通适宜推广区应用覆盖率 90.1%（2014 年）。该成果获南通市农业科学技术推广奖三等奖（2015 年）。

附　录

附录 I　承担 2004—2015 年农业综合开发 科技推广任务涉及的项目镇（乡）

年份	项目来源	县（市区）					
		如皋	海安	如东	海门	通州	启东
2004	国家	九华，长江	—	—	—	—	—
2005	国家	九华，长江	角斜	丰利，洋口	—	—	—
	省级	林梓，桃园，如城，袁桥，石庄	胡集	—	—	—	—
2006	国家	长江，如城	大公，曲塘	掘港，马塘，丰利	正余，东灶港，包场	海晏，新联，刘桥	久隆
	省级	磨头，袁桥，江安	—	—	—	—	—
2007	国家	雪岸，丁堰，如城	老坝港，南莫，白甸	苴镇，兵防	正余，包场，三星	东社	志良，海复
	省级	九华，下原					
2008	国家	雪岸，丁堰	西场，白甸，南莫	双甸，岔河	—	—	—
	省级	高明，桃园，九华，下原，袁桥	—	—	—	—	—

· 142 ·

续表

年份	项目来源	县（市区）					
		如皋	海安	如东	海门	通州	启东
2009	国家	常青，林梓，白蒲，东陈	李堡，墩头，老坝港	河口，袁庄	麒麟，树勋，德胜	东社	—
	省级	吴窑，九华	—	—	—	—	—
2010	国家	磨头	南莫，白甸，大公	曹埠，掘港	三厂，临江	金沙，东社，三余	—
	省级	柴湾，桃园，郭元，磨头，白蒲	—	—	—	—	—
2011	国家	林梓，白蒲，常青	大公，角斜，墩头，白甸	大豫，岔河，掘港	王浩	金沙	—
	省级	吴窑，九华，下原，如城，高明	—	—	—	—	—
2012	国家	柴湾，东陈，丁堰	角斜，墩头，白甸	马塘，曹埠，双甸	悦来，三厂	二甲，西亭	吕四
	省级	袁桥，白蒲，吴窑，石庄，江安	—	—	—	—	—
2013	国家	长江，桃园，东陈	海安，雅周	岔河，河口，曹埠，长沙	四甲，王浩	西亭	王鲍
	县级	—	—	—	高新区，常乐，悦来	—	—

续表

年份	项目来源	县（市区）					
		如皋	海安	如东	海门	通州	启东
2014	国家	城南街道，东陈，城北街道	角斜，大公	洋口，双甸，丰利，曹埠，袁庄	悦来，余东	西亭	王鲍，南阳
	县级	—	—	—	余东，工业园区，高新区，开发区，常乐	—	—
2015	国家	九华，搬经，如城，丁堰	大公，墩头，南莫，曲塘	—	包场，正余，常乐	—	海复，汇龙，吕四

注：项目来源中，"国家"指由国家立项的国家农业综合开发土地治理项目中随项目下达到县的科技推广任务；"省级"指省级财政投资的沿江高沙土农业综合开发科技推广项目；"县级"是指县级立项、投资的高标准农田建设科技推广项目。

附录Ⅱ 承担2004—2015年农业综合开发科技推广任务的项目经费

单位：万元

年份	项目来源	县（市区）						年度合计
		如皋	海安	如东	海门	通州	启东	
2004	国家	54.00	—	—				54.00
2005	国家	8.40	17.00	29.80	—	—	—	83.70
	省级	22.50	6.00	—				
2006	国家	57.60	30.10	16.72	32.70	67.40	29.90	283.69
	省级	49.27	—	—	—	—	—	
2007	国家	43.14	33.21	38.70	39.60	38.88	41.50	258.43
	省级	23.40	—	—	—	—	—	
2008	国家	54.00	50.00	20.00		34.00		217.75
	省级	59.75	—	—	—	—	—	
2009	国家	122.80	75.90	55.00	61.00	14.00		363.50
	省级	34.80	—	—	—	—	—	
2010	国家	43.20	66.60	44.10	42.00	72.40	—	343.18
	省级	74.88	—	—	—	—	—	
2011	国家	80.00	78.00	50.00	30.00	33.00		346.60
	省级	75.60	—	—	—	—	—	
2012	国家	131.50	75.00	45.00	65.00	41.00	48.00	457.00
	省级	51.50	—	—	—	—	—	
2013	国家	125.80	45.00	65.00	50.00	40.00	50.00	407.80
	县级	—	—	—	32.00	—	—	
2014	国家	50.00	30.00	65.00	25.00	10.00	30.00	235.00
	县级	—	—	—	25.00	—	—	

年份	项目来源	县（市区）						年度合计
		如皋	海安	如东	海门	通州	启东	
2015	国家	60.00	50.00	—	20.00	—	40.00	170.00
累计	国家	830.44	550.81	429.32	365.30	350.68	239.40	2765.95
	省级	391.70	6.00	—	—	—	—	397.70
	县级	—	—	—	57.00	—	—	57.00
	合计	1222.14	556.81	429.32	422.30	350.68	239.40	3220.65

注：项目来源中，"国家"指由国家立项的国家农业综合开发土地治理项目中随项目下达到县的科技推广任务；"省级"指省级财政投资的沿江高沙土农业综合开发科技推广项目；"县级"是指县级立项、投资的高标准农田建设科技推广项目。

附录Ⅲ　农业综合开发科技推广工作
取得的技术推广成果

序号	成果名称	获奖励或鉴定（评价）情况	单位排序	推广团队参与成果的人员与排名
1	旱作区特色作物多元高效种植模式及产业化关键技术集成与推广	2017年6月，南通市农业委员会组织南京农业大学、江苏省农业资源开发局、江苏省农业科学院、江苏省农广校、江苏省农技推广总站、南通市农业委员会等单位专家，进行了成果评价。评价意见：总体水平居国内领先	第一	刘建［1］，杨美英［2］，魏亚凤［3］
2	农作物优质高产及集约高效种植科普图书	2017年3月，获首届江苏省农业科学院社会科学优秀成果奖一等奖。颁奖单位：江苏省农业科学院	第一	刘建［1］，魏亚凤［2］，杨美英［3］，薛亚光［4］，李波［5］，刘水东［6］，汪波［7］，沈俊明［8］，韩娟［9］
3	麦秸还田水稻丰产增效栽培技术推广	2016年5月，南通市农业委员会组织南京农业大学、江苏省农业科学院、江苏省农业资源开发局、扬州大学、南通市农业委员会等单位专家，进行了成果鉴定。鉴定意见：总体水平居国内领先	第二	薛亚光［1］，李波［3］，潘宝国［11］，韩娟［14］
4	旱作区资源集约利用高效种植模式集成与推广	2016年5月，南通市农业委员会组织南京农业大学、江苏省农业科学院、江苏省农业资源开发局、扬州大学、南通市农业委员会等单位专家，进行了成果鉴定。鉴定意见：总体水平居国内领先	第一	刘建［1］，魏亚凤［3］，杨美英［4］，沈俊明［8］

续表

序号	成果名称	获奖励或鉴定（评价）情况	单位排序	推广团队参与成果的人员与排名
5	桑园立体种植高效模式研发与应用	2015年12月，获江苏省农业丰收奖一等奖。颁奖单位：江苏省农业委员会	第二	刘建［2］，魏亚凤［3］，杨美英［6］
6	江苏沿江集约农区农业综合开发科技推广与南通模式创建	2015年12月，获全国商业科技进步奖一等奖。颁奖单位：中国商业联合会	第一	刘建［1］，魏亚凤［2］，杨美英［3］，李波［5］，沈俊明［6］，汪波［7］，薛亚光［8］，刘水东［9］，韩娟［10］
7	江苏东南沿海地区榨菜集约高效种植模式研发及其产业化	2015年12月，获全国商业科技进步奖二等奖。颁奖单位：中国商业联合会	第一	杨美英［1］，刘建［2］，魏亚凤［3］，沈俊明［4］，刘水东［5］，汪波［6］，李波［7］，薛亚光［8］
8	特粮特经周年高效技术模式集成推广及产业化	2015年12月，获南通市农业科学技术推广奖一等奖。颁奖单位：南通市人民政府	第四	刘建［4］
9	油菜秋发冬壮丰产增效技术体系的构建与应用	2015年12月，获南通市农业科学技术推广奖二等奖。颁奖单位：南通市人民政府	第一	杨美英［1］，薛亚光［4］，韩娟［8］，潘宝国［13］
10	稻草还田小麦高产高效关键技术集成创新与应用	2015年12月，获南通市农业科学技术推广奖三等奖。颁奖单位：南通市人民政府	第一	李波［1］，魏亚凤［2］，汪波［3］，沈俊明［5］

续表

序号	成果名称	获奖励或鉴定（评价）情况	单位排序	推广团队参与成果的人员与排名
11	南通农业综合开发科技推广模式研制与应用	2015年2月，获江苏省农业技术推广奖三等奖。颁奖单位：江苏省人民政府	第一	刘建[1]，魏亚凤[2]，杨美英[3]，沈俊明[10]，李波[12]
12	榨菜标准化种植及高效模式的研究与应用	2015年1月，获南通市农业科学技术推广奖二等奖。颁奖单位：南通市人民政府	第一	杨美英[1]，沈俊明[5]，汪波[6]
13	桑园冬季间作高效模式及综合栽培技术集成与示范应用	2015年1月，获南通市农业科学技术推广奖三等奖。颁奖单位：南通市人民政府	第一	魏亚凤[1]，刘建[2]，李波[6]
14	农业综合开发科技推广及其新模式构建	2013年7月，获南通市农业科学技术推广奖一等奖。颁奖单位：南通市人民政府	第一	刘建[1]，魏亚凤[3]，杨美英[5]，李波[15]，汪波[16]，季桦[17]，沈俊明[18]，刘水东[19]，顾锦红[20]
15	芦笋大棚周年覆盖长季节生产的技术集成与推广应用	2012年5月，获南通市农业科学技术推广奖三等奖。颁奖单位：南通市人民政府	第一	刘建[1]，魏亚凤[2]，杨美英[5]

　　注：①单位排序：指江苏沿江农科所在该成果主要完成单位中的排序，例如，排序为"第一"即是第一完成单位；

　　②推广团队参与成果的人员与排名：指江苏沿江农科所从事农业综合开发科技推广的团队成员，参与该成果的具体人员及排名，姓名后面数字即为在成果中排名名次。

附表Ⅳ 农业综合开发科技推广
系列科技培训教材

1.《区域优势作物高产高效种植技术》

主编：刘建

副主编：魏亚凤，王军（南通市农业资源开发局）

出版时间：2008 年 12 月

内容摘要：全书九章，每章 5 节，约 33 万字。选取水稻、小麦、油菜、玉米、大豆、蚕豆、豌豆、青花菜和桑树 9 种作物，按作物设章。每个作物按栽培特性、类型和品种、优质高产栽培（桑树为生产与管理）、病虫害防治、收获 5 个部分编写，每个部分设立一节。遵循"高产、高效、优质、安全、生态"等目标的相互统一为主线，突出品质栽培和高效生产的理念，按基本知识、优良品种、先进实用技术、病虫害防治、收获等方面循序介绍，保持了知识的系统性、完整性和技术的先进性、规范性。在作物栽培特性一节中，简明介绍其形态特征、生育周期和适宜生长的环境。按品种类型，分类并收编了 204 个优良品种特征特性；按照高效、实用的原则，重点介绍了 35 个先进实用技术；遵循综合控防原则，系统地介绍了 61 种病害、40 种虫害的为害特点和防治措施。

2.《优质水稻高产高效栽培技术》

主编：刘建

副主编：魏亚凤，杨美英，张成江（南通市农业资源开发局）

出版时间：2009 年 12 月

内容摘要：全书九章，共 36 节，约 12 万字。介绍了优质水稻高产高效生产的新理念、新知识和新方法。首先概述了优质水稻生产的意义、概念和内涵、生产的基本要素，以及水稻生长发育的基本知识；系统介绍了 29 个优质常规粳稻品种、8 个优质常规粳糯稻品种和 5 个优质杂交粳稻组合共 42 个水稻品种（组合），以及优质水稻的品种选用与种子处理方法；详细介绍了优质水稻的育秧移栽技术、科学施肥技术和水分管理技术，其中重点围绕集成创新的肥床旱育稀植、塑盘育秧抛栽和机插稻栽培 3 个先进实用高效栽培体系，系统地讲解了基本操作。针对长江下游沿江地区"麦（油）－稻"两熟稻作区，水稻直播面积不断扩大，但因季节性限制因素导致产量"难高、不稳"的矛盾加剧，将优质水稻直播种植单列一章，概述了其生育特点和生产优势，提出了存在的主要问题，从品种选用、整地播种、肥水管理、防倒技术、杂草防除等关键环节，明确了技术规范；系统介绍了 8 个水稻重点性病害的症状和防治措施，生产上常见的 4 种除草剂药害、4 种类型营养失调、稻苗发僵、青枯等生理性病害的症状及其防止补救措施，4 类（8 种）水稻重点性害虫的习性与为害症状和防治措施。

3. 《高产桑园管理及其间作技术》

主编：刘建

副主编：王军（江苏省海安县蚕桑技术指导站），魏亚凤，杨美英

出版时间：2009 年 12 月

内容摘要：全书十一章，共 52 节，约 11 万字。系统介绍了桑树生产及桑园间作的基本知识和技术方法。首先围绕桑树生产，从桑树的器官和功能、生长发育和适宜生长的环境条件等方面，概述了桑树的栽培特性，简要介绍了桑树的生态类型、优良桑树品种的选择、主要蚕区桑树品种分布，系统介绍了长江中下游地区的 9 个主要桑树品种；从桑树的有性繁殖育苗、无性繁殖育苗、桑园规划与品种选择、桑树的栽植和速成桑园建园技术等方面介绍了桑树育苗和建园，其中重点明确了"利用桑树嫁接体一步成园"速成桑园

建园技术的基本操作；详细讲解了桑树树型的养成与桑园管理的技术方法。围绕桑园间作，分析了桑园间作物优势和可能遇到的问题，明确了桑园间作基本原则，重点围绕新植桑园间作、桑园间作蔬菜、桑园间作草莓、桑园间作药材、桑园间作牧草和桑园间作绿肥六大类型，从品种选用、整地施肥、播种（或定植）、田间管理和采收等环节，系统介绍了 25 个生产实例。

4.《四青作物优质高效栽培技术》

主编：刘建

副主编：魏亚凤，朱明华（江苏省海门市作物栽培技术指导站），杨美英

出版时间：2009 年 12 月

内容摘要：全书十章，共 45 节，约 13.5 万字。将市场需求量大、均以采收青籽（蚕豆、大豆和豌豆）、青穗（玉米）为目的的四种作物合成（被称为四青作物，在苏沪浙一带被普遍认同），以简单明了的编排、通俗易懂的文字，系统介绍了基本知识、实用新技术和高效种植模式。首先概述了四青作物的基本概念、营养特点、生产特征和发展要素，以及四青作物的栽培特性；系统介绍了在生产上表现突出的 4 个青蚕豆品种，7 个优质甜玉米、25 个糯玉米等共 32 个青玉米品种，20 个宜作春播、10 个宜作夏播共 30 个青毛豆品种，7 个青豌豆品种；从栽培季节和茬口安排、播种（或移栽）、田间的配套管理措施等关键环节，详细介绍了青蚕豆、青玉米、青毛豆和青豌豆优质高效栽培的基本操作，根据作物类型和特点，纳入了覆盖栽培、设施栽培和保优栽培等新技术、新方法；系统介绍了 8 种青蚕豆重点性病害、8 种青玉米重点性病害、9 种青毛豆重点性病害、5 种青豌豆重点性病害的诊断和防治措施，12 种四青作物上常见害虫的为害特点、害虫识别和防治措施；明确了四青作物的采收标准与要求。根据四青作物播种期弹性较大，更宜

于多熟种植的特点，提出了多熟种植基本原则，重点围绕四青作物多熟组合种植、棉田复种、粮菜结合、经菜结合、林果复合和水旱轮作六大类型，从模式特点、茬口配置、品种选用和培管要点等环节，系统介绍了 15 个多熟高效种植典型实例。

5.《优质油菜高产高效栽培技术》

主编：刘建

副主编：魏亚凤，杨美英

出版时间：2010 年 11 月

内容摘要：全书十一章，共 41 节，约 12 万字。突出以双低油菜和高产、轻简等新技术应用的优质高效理念，介绍了优质油菜生产的新知识和新技术。首先概述了优质油菜的含义、发展优质油菜的意义和优质油菜保优措施，油菜的类型及其生长发育的基本知识；系统介绍了 14 个杂交油菜和 12 个常规油菜共 26 个优质高产油菜品种，以及优质油菜的品种选用与播前准备；重点围绕油菜高产、优质、轻简、增效等技术途径，系统地讲解了优质油菜的育苗移栽技术、秋发冬壮高产栽培技术、轻简高效栽培技术、肥水管理技术、"油菜两用"栽培技术和抗逆应变栽培技术的基本操作。系统介绍了油菜生产上，10 个重点性病害的症状和防治措施，7 种重点性害虫的形态特征、为害特点和防治措施，油菜田杂草的发生特点、13 种油菜田常见杂草的识别及其草害的防治。

6.《优质小麦高产高效栽培技术》

主编：刘建

副主编：魏亚凤，杨美英，周成英（南通市农业行政执法支队）

出版时间：2010 年 11 月

内容摘要：全书九章，共 35 节，约 13.5 万字。突出小麦专用化生产的优质高效理念，介绍了优质小麦高产高效生产的新知识和技术方法。首先概述了优质小麦的概念、籽粒品质性状与专用小麦分类、小麦品质的生态区划和优质小麦生产的配套环节，小麦的类型及其生长发育的基本知识；系统介绍了 3 个优质弱筋、21 个优质中筋、5 个优质强筋和 11 个近年审定的共 40 个优质高产小麦品种，以及优质小麦的品种选用与播种技术；重点围绕稻茬麦少免耕栽培、专用小麦品质调优栽培 2 个先进实用高效栽培体系，系统地讲解了基本操作；针对长江下游沿江地区"麦－稻"两熟稻作区高产水稻的熟期后延，晚播小麦面积不断增加的生产特点，将晚播小麦高产栽培单列一章，分析了生育特点，重点介绍了高产栽培技术措施；系统介绍了小麦湿害、冻害、干热风 3 个典型性逆境为害和防控措施，小麦倒伏类型、发生及其防控；系统介绍了小麦生产上，7 个重点性病害的症状和防治措施，5 种重点性害虫为害症状和防治措施，12 种麦田常见杂草的识别与生长特点及其麦田草害的防治。

7.《大棚设施周年利用高效模式》

编著：刘建

出版时间：2010 年 12 月

内容摘要：全书七章，共 72 节，约 19.5 万字。突出以大棚设施周年利用为途径的高产高效理念，介绍了设施蔬菜生产的新知识和新模式。简明介绍了黄瓜、番茄、辣椒、茄子、西瓜、草莓等植物学特征、生长发育周期和对环境条件的要求等基本知识，集成最新科研成果，系统地讲授了黄瓜、番茄、辣椒、茄子、西瓜、草莓等作物大棚覆盖春提早栽培的基本操作。围绕大棚春黄瓜茬、大棚春番茄茬、大棚春辣椒茬、大棚春茄子茬、大棚春西瓜茬、大棚草莓茬及其他作物茬七大类型，在剖析模式特点的基础上，从产出、周年茬口安排及各季作物关键栽培技术等环节，系统介绍了 66 个生产实例。

8.《特种蔬菜优质高产栽培技术》

主编：刘建

副主编：魏亚凤，杨美英，刘水东

出版时间：2011 年 11 月

内容摘要：全书二十章，共 111 节，约 16.2 万字。重点围绕长江下游特定地理条件下存留的（如香芋、襄荷、洋扁豆等）、从外地引进并在该地域已形成初步规模的（如芦笋、榨菜、小菘菜、三池辣菜等）和适宜于该地区种植可适度开发的（如香椿、蛇瓜、紫甘蓝等）共 20 种特种蔬菜，系统地讲授了栽培特性、类型和品种、高产栽培技术、高效生产模式、采收与贮藏。

9. 《优质水稻高产高效栽培技术（第二版）》

主编：刘建

副主编：魏亚凤，杨美英，夏礼如

出版时间：2013 年 7 月

内容摘要：全书十章，共 46 节，约 15 万字。在《优质水稻高产高效栽培技术》第一版的基础上，对水稻品种的内容进行了全面更新，充实了新近育成的优良水稻品种，并增加了有机稻生产技术的内容，主要包括有机稻的生产概述、基地建设、肥料施用、水浆管理、病虫草害防治、质量控制和有机稻稻鸭共作技术等。

10. 《旱田多熟集约种植高效模式》

主编：刘建

副主编：魏亚凤，杨美英，夏礼如

出版时间：2013 年 12 月

内容摘要：全书五章，共 25 节，约 17 万字。突出旱田多熟集约种植的高产高效理念，介绍了多熟集约种植及其有关概念、主要功效和基本原则等基本知识，讲授了玉米、棉花和葡萄、银杏、梨园等林果作物栽培特性与间套复种。共收编了玉米田、棉田、林果田和其他类型田 112 种旱田多熟集约种植高效模式实例。玉米田主体介绍了蚕豆接茬玉米、蔬菜接茬玉米、草莓接茬玉米、小（大）麦接茬玉米、油菜接茬玉米、西瓜玉米复种、玉米花生复种、药材接茬玉米等类型的集约种植模式及其生产实例；棉田主体介绍了棉粮结合型、棉菜结合型、棉瓜（果）结合型、棉粮菜瓜复合型等类型的集约种植模式及其生产实例；林果田主体介绍了葡萄园、银杏园和梨园等类型的集约种植模式及其生产实例；其他类型田主体介绍了蚕豆茬、麦茬、油菜茬和蔬菜茬等类型的多熟集约种植模式及其生产实例。

11.《优质小麦高产高效栽培技术（第二版）》

主编：刘建

副主编：魏亚凤，杨美英，薛亚光

出版时间：2014 年 12 月

内容摘要：全书五章，共 42 节，约 18 万字。在《优质小麦高产高效栽培技术》第一版的基础上，对优质高产小麦品种进行了全面更新；整体删除了第一版中"优质小麦的品种选用和播种技术"内容，调整为"高产小麦的群体特征和栽培调控"，包括高产小麦的器官建成特点与群体调控、高产小麦的土壤要求、高产小麦的播种与壮苗培育、高产小麦的营养特性与高效施肥、高产小麦的灌溉与排水降渍和小麦精确定量栽培；将第一版的"稻茬麦少免耕栽培技术"，调整为"稻茬小麦高产高效栽培技术"，包括稻茬麦免少耕机械条（匀）播栽培技术、稻田套播小麦高产栽培技术和水稻秸秆全量还田高产栽培技术；分别对"小麦抗逆应变高产栽培技术""小麦病虫草害综合防治技术"的部分内容进行了修正和充实。

12.《杂粮作物高产高效栽培技术》

主编：刘建

副主编：魏亚凤，杨美英，赵卫东（南通科技职业学院）

出版时间：2015 年 7 月

内容摘要：全书八章，共 48 节，约 16 万字。突出长江下游沿江、沿海地区的区域特点，选取了大麦、蚕豆、荞麦、豌豆、绿豆、小豆、甘薯、马铃薯 8 种作物，系统地讲授了栽培特性、类型和品种、优质高产栽培、主要病虫害防治、集约种植生产实例、收获等技术内容。

13.《稻麦丰产增效栽培实用技术》

主编：刘建

副主编：魏亚凤，杨美英

出版时间：2015 年 7 月

内容摘要：全书十章，共 40 节，约 14 万字。围绕水稻机插高产栽培技术、水稻塑盘旱育抛栽技术、水稻肥床旱育壮秧高产栽培技术、麦秸机械还田轻简稻作技术、有机稻栽培技术、稻茬小麦免少耕机械条（匀）播栽培技术、稻秸机械还田小麦高产栽培技术、稻田套播小麦高产栽培技术、晚播小麦独秆栽培技术、稻麦互套式耕作秸秆还田高产栽培技术 10 项实用技术，系统地讲授其技术特征及从播种到收获关键性管理技术。

14.《稻麦优质高效生产百问百答》

主编：刘建

副主编：魏亚凤，杨美英

出版时间：2016 年 4 月

内容摘要：全书约 14 万字。图书针对长江下游沿江地区的温、光、水等资源特点，紧扣稻麦优质高效的生产实际，从近年来在从事科技推广、技术培训和咨询服务过程中，农民关注度比较集中的问题中，梳理和遴选出 100 个问题，以一问一答的形式加以简述。全书按照水稻、小麦两个作物分别编写，涉及基础知识、栽培特性和生产管理 3 个部分。在具体问题的设计上，突出区域性和时效性。在问题内容的简述上，讲明原理，说明道理，突出知识要点的讲授和技术内容的通俗易懂。

注：①主编、副主编未有单位标注的，均为"江苏沿江地区农业科学研究所"；②按编写出版时间排序。

附表Ⅴ　农业综合开发科技推广团队
技术推广工作年历

1995—1997 年：

刘建任职如皋市常青乡科技副乡长，参加实施"江苏省农业综合开发如皋常青实验区"项目。

2001 年：

参加实施国家农业综合开发通州高新科技示范项目（课题），主持实施"应用水稻、小麦计算机模拟决策系统，指导稻、麦优质新品种示范和良种繁育"专题（专题主持人：刘建）。

2002 年：

实施国家农业综合开发通州高新科技示范项目"应用水稻、小麦计算机模拟决策系统，指导稻、麦优质新品种示范和良种繁育"专题。

2003 年：

实施国家农业综合开发通州高新科技示范项目"应用水稻、小麦计算机模拟决策系统，指导稻、麦优质新品种示范和良种繁育"专题。

作为技术依托单位参加实施国家农业综合开发产业化项目"如皋市长江镇'绿沙王'西瓜无公害（绿色食品级）生产基地建设"（技术依托单位负责人：刘建）。发布并实施企业标准《绿色食品（A级）"绿沙王"优质西瓜》（主要起草人：刘建、胡燕、于长富、魏亚凤）和《绿色食品（A级）"绿沙王"优质西瓜生产技术规程》（主要起草人：刘建、徐建平、陈志新）。

2004 年：

刘建被南通市农业资源开发局聘为如皋市 2004 年国家农业综合开发土地治理增量项目科技推广首席专家。

承担如皋市 2004 年国家农业综合开发土地治理增量项目科技推广任务，涉及 2 个项目镇。

2005 年：

国家农业综合开发通州高新科技示范项目通过江苏省农业资源开发局、江苏省财政局组织的验收。

承担国家农业综合开发省级科技推广项目"沿江粳稻高产优质无公害栽培的技术集成与应用"（项目负责人：刘建）。

刘建被南通市农业资源开发局聘为如东、如皋、海安三县（市）2005 年国家农业综合开发土地治理项目科技推广首席专家。

刘建被南通市农业资源开发局聘为南通市 2005 年省级高沙土农业综合开发土地治理项目科技推广首席专家。

承担如东、如皋、海安三县（市）2005 年国家农业综合开发土地治理项目科技推广任务，涉及 5 个项目镇。

承担如皋市、海安县 2005 年省级高沙土农业综合开发土地治理项目科技推广任务，涉及 6 个项目镇。

实施如皋市 2004 年国家农业综合开发科技推广项目，完成项目验收。

2006 年：

《江苏农业综合开发》（总第 217 期，江苏省农业资源开发局编）以"南通市农业综合开发科技推广实现科技委托制"为题进行专题报道。

承担国家农业综合开发省级科技推广项目"水稻轻简栽培优质高效节本配套技术推广应用"（项目负责人：刘建）。

刘建被南通市农业资源开发局聘为如东、如皋、海安、通州、海门、启东六县（市）2006 年国家农业综合开发土地治理项目科技推广首席专家。

承担如东、如皋、海安、通州、海门、启东六县（市）2006

年国家农业综合开发土地治理项目科技推广任务，涉及 15 个项目镇。

承担如皋市 2006 年省级高沙土农业综合开发科技推广任务，涉及 3 个项目镇。

实施如东、如皋、海安、通州、海门、启东六县（市）2005 年国家农业综合开发和如皋市、海安县 2005 年省级高沙土农业综合开发科技推广项目，完成项目验收。

在《江苏农业科学》杂志（2006 年第 6 期）上发表论文"南通实施农业综合开发科技推广工作的实践与思考"（作者：刘建）。

2007 年：

承担国家农业综合开发省级科技推广项目"多元集约化高效种植模式及其优质安全关键配套技术"（项目负责人：刘建、魏亚凤）。

承担如东、如皋、海安、通州、海门、启东六县（市）2007 年国家农业综合开发科技推广任务，涉及 14 个项目镇。

承担如皋市 2007 年省级高沙土农业综合开发科技推广任务，涉及 2 个项目镇。

实施如东、如皋、海安、通州、海门、启东六县（市）2006 年国家农业综合开发和如皋市 2006 年省级高沙土农业综合开发科技推广项目，完成项目验收。

在《中国农业综合开发》杂志（2007 年第 6 期）上发表论文"创新农业综合开发科技推广工作的几点思考"（作者：刘建、王军）。

在《中国稻米》杂志（2007 年第 2 期）上发表论文"南通市优质稻米产业区农业综合开发科技推广方案的构建与运作"（作者：刘建）。

在《中国农学通报》杂志（2007 年第 1 期）上发表论文"农业综合开发科技推广的特征分析与模式创新研究——以南通市优质稻米产业区为例"（作者：刘建）。

在《中国农村小康科技》杂志（2007 年第 4 期）上发表论文"加快农业科技创新，加速推进南通现代农业建设"（作者：杨美英）。

在《安徽农业通报》杂志（2007 年第 9 期）上发表论文"论农业科技创新的实现途径"（作者：杨美英）。

2008 年：

承担如东、如皋、海安、通州四县（市）2008 年国家农业综合开发科技推广任务，涉及 7 个项目镇，共 26 个项目。

承担如皋市 2008 年省级高沙土农业综合开发科技推广任务，涉及 2 个项目镇，共 11 个项目。

实施如东、如皋、海安、通州、海门、启东六县（市）2007 年国家农业综合开发和如皋市 2007 年省级高沙土农业综合开发科技推广项目，完成项目验收。

出版培训教材《区域优势作物高产高效种植技术》（主编：刘建；副主编：魏亚凤、王军）。

2009 年：

承担如东、如皋、海安、海门、通州五县（市区）2009 年国家农业综合开发科技推广任务，涉及 13 个项目镇，共 50 个项目。

承担如皋市 2009 年省级高沙土农业综合开发科技推广任务，涉及 2 个项目镇，共 6 个项目。

实施如东、如皋、海安三县（市）2008 年国家农业综合开发和如皋市 2008 年省级高沙土农业综合开发科技推广项目，完成项目验收。

出版培训教材《优质水稻高产高效栽培技术》（主编：刘建；副主编：魏亚凤、杨美英、张成江）。

出版培训教材《高产桑园管理及其间作技术》（主编：刘建；副主编：王军、魏亚凤、杨美英）。

出版培训教材《四青作物优质高效栽培技术》（主编：刘建；

副主编：魏亚凤、朱明华、杨美英）。

《科技创新导报》杂志（2009 年第 30 期）发表论文"我国农业技术需求的主体缺位与推广机制创新"（作者：杨美英）。

2010 年：

承担如东、如皋、海安、海门、通州五县（市区）2010 年国家农业综合开发科技推广任务，涉及 11 个项目镇，共 43 个项目。

承担如皋市 2010 年省级高沙土农业综合开发科技推广任务，涉及 5 个项目镇，共 12 个项目。

实施如东、如皋、海安、海门、通州五县（市区）2009 年国家农业综合开发和如皋市 2009 年省级高沙土农业综合开发科技推广项目，完成项目验收。

出版培训教材《优质油菜高产高效栽培技术》（主编：刘建；副主编：魏亚凤、杨美英）。

出版培训教材《优质小麦高产高效栽培技术》（主编：刘建；副主编：魏亚凤、杨美英、周成英）。

出版培训教材《大棚设施周年利用高效模式》（编著：刘建）。

在《江苏农业科学》杂志（2010 年第 6 期）上发表论文"对农业综合开发科技推广的几点认识与主要实践"（作者：杨美英、刘建、魏亚凤、李波）。

2011 年：

承担如东、如皋、海安、海门、通州五县（市区）2011 年国家农业综合开发科技推广任务，涉及 12 个项目镇，共 51 个项目。

承担如皋市 2011 年省级高沙土农业综合开发科技推广任务，涉及 5 个项目镇，共 15 个项目。

实施如东、如皋、海安、海门、通州五县（市区）2010 年国家农业综合开发和如皋市 2010 年省级高沙土农业综合开发科技推广项目，完成项目验收。

出版培训教材《特种蔬菜优质高产栽培技术》（主编：刘建；副主编：魏亚凤、杨美英、刘水东）。

在《经济研究导刊》杂志（2011 年第 1 期）上发表论文"区域经济快速发展过程中的农业科技创新战略研究——以江苏省南通市为例"（作者：杨美英）。

2012 年：

承担国家农业综合开发省级科技推广项目"稻麦周年高产综合增效配套关键技术的推广"（项目负责人：刘建、魏亚凤）。

承担如东、如皋、海安、海门、通州、启东六县（市区）2012 年国家农业综合开发科技推广任务，涉及 14 个项目镇，共 79 个项目。

承担如皋市 2012 年省级高沙土农业综合开发科技推广任务，涉及 4 个项目镇，共 10 个项目。

实施如东、如皋、海安、海门、通州五县（市区）2011 年国家农业综合开发和如皋市 2011 年省级高沙土农业综合开发科技推广项目，完成项目验收。

2013 年：

承担国家农业综合开发省级科技推广项目"水稻优质安全高效栽培关键技术集成与示范推广"（项目负责人：魏亚凤、刘建）。

承担国家农业综合开发省级科技推广项目"杂交油菜新品种及优质高产配套技术示范与推广"（项目负责人：杨美英、李波）。

承担如东、如皋、海安、海门、通州、启东六县（市区）2013 年国家农业综合开发科技推广任务，涉及 13 个项目镇，共 78 个项目。

承担海门市 2013 年本级高标准农田建设科技推广任务，涉及 3 个项目镇，共 4 个项目。

实施如东、如皋、海安、海门、通州、启东六县（市区）2012

年国家农业综合开发和如皋市 2012 年省级高沙土农业综合开发科技推广项目，完成项目验收。

出版培训教材《旱田多熟集约种植高效模式》（主编：刘建；副主编：魏亚凤、杨美英、夏礼如）。

出版培训教材《优质水稻高产高效栽培技术（第二版）》（主编：刘建；副主编：魏亚凤、杨美英、夏礼如）。

2014 年：

承担如东、如皋、海安、海门、通州、启东六县（市区）2014 年国家农业综合开发科技推广任务，涉及 15 个项目镇，共 42 个项目。

承担海门市 2014 年本级高标准农田建设科技推广任务，涉及 5 个项目镇，共 5 个项目。

实施如东、如皋、海安、海门、通州、启东六县（市区）2013 年国家农业综合开发和海门市 2013 年本级高标准农田建设科技推广项目，完成项目验收。

出版培训教材《优质小麦高产高效栽培技术（第二版）》（主编：刘建；副主编：魏亚凤、杨美英、薛亚光）。

2015 年：

承担如皋、海安、海门、启东四县（市）2015 年国家农业综合开发科技推广任务，涉及 14 个项目镇，共 42 个项目。

实施如东、如皋、海安、海门、通州、启东六县（市区）2014 年国家农业综合开发和海门市 2014 年本级高标准农田建设科技推广项目，完成项目验收。

出版培训教材《杂粮作物高产高效栽培技术》（主编：刘建；副主编：魏亚凤、杨美英、赵卫东）。

出版培训教材《稻麦丰产增效栽培实用技术》（主编：刘建；副主编：魏亚凤、杨美英）。

　　在《江苏农业科学》杂志（2015 年第 10 期）上发表论文"农业综合开发科技推广工作的模式创新与实践——以江苏省南通市为例"（作者：刘建、魏亚凤、杨美英）。

2016 年：

　　实施如皋、海安、海门、启东四县（市）2015 年国家农业综合开发科技推广项目，完成项目验收。

　　出版培训教材《稻麦优质高效生产百问百答》（主编：刘建；副主编：魏亚凤、杨美英）。

参考文献

［1］刘建．常青乡农业资源综合开发的实践与成效//朱广玉，宋恒银．中国新世纪理论文献．北京：华龄出版社，1999.

［2］刘学彬，赵文明．建立形式多样、机制灵活的农业综合开发科技推广模式．江苏农业科学，2003（2）：57-60.

［3］刘建．南通实施农业综合开发科技推广工作的实践与思考．江苏农业科学，2006（6）：11-14.

［4］国家农发办．关于加强农业综合开发土地治理项目科技推广费管理工作的指导意见（国农办〔2006〕13号）．中国农业综合开发，2006（6）：7-8.

［5］同宣．富国富民的大战略：农业综合开发二十年纪实（十）．中国农业综合开发，2007（10）：59-60.

［6］刘建，王军．创新农业综合开发科技推广工作的几点思考．中国农业综合开发，2007（6）：22-23.

［7］刘建．南通市优质稻米产业区农业综合开发科技推广方案的构建与运作．中国稻米，2007（2）：74-76.

［8］刘建．农业综合开发科技推广的特征分析与模式创新研究：以南通市优质稻米产业区为例．中国农学通报，2007（1）：421-424.

［9］杨美英．加快农业科技创新，加速推进南通现代农业建设．中国农村小康科技，2007（4）：3-5.

［10］杨美英．论农业科技创新的实现途径．安徽农业通报，2007（9）：1-2.

［11］ 杨美英．我国农业技术需求的主体缺位与推广机制创新．科技创新导报，2009（30）：99.

［12］ 杨美英，刘建，魏亚凤，等．对农业综合开发科技推广的几点认识与主要实践．江苏农业科学，2010（6）：619－620.

［13］ 吕迎春．农业综合开发科技推广工作的成效与建议．农业科技管理，2010，29（5）：76－78.

［14］ 杨美英．区域经济快速发展过程中的农业科技创新战略研究：以江苏省南通市为例．经济研究导刊，2011（1）：143－145.

［15］ 刘建，魏亚凤，杨美英．农业综合开发科技推广工作的模式创新与实践：以江苏省南通市为例．江苏农业科学，2015（10）：593－595.

后　记

（一）

　　本书记述的是，2004—2016 年这十三年由我牵头负责、江苏沿江地区农业科学研究所（以下简称"沿江农科所"）承担的农业综合开发科技推广任务实践过程。任务范围为南通市所辖县（市区），任务来源有国家农业开发项目、省级高沙土开发项目，任务性质是土地治理类项目随任务下达到县（市区）的科技措施，也包括海门市高标准农田建设科技推广任务。

　　实施这类项目的起因，是基于如何把这类项目科技措施"资金用好、工作做实"的基本考虑，因为这块是一笔很大的资金投入。2004 年试点之前此类项目科技资金使用上，或考虑惠及广大农户，全部采用生产资料补贴方式发放，根本无法体现科技效应；或被挪用以弥补地方财政经费缺口，科技推广无真实性可言。问题之症结与关键在于管理体制，那时候科技措施捆绑在开发项目中由项目镇（乡）自行安排与实施，受项目镇（乡）人为操控因素很大，尤其是乡镇领导的主观意识，由于没有明确实施主体与责任部门，科技推广不但无法推进，更无法监管，相应工作"空虚化"。2004 年前后，正值南通市农业开发系统大兴创新创业，因而把突破"科技措施的落实"这一老大难问题提上了重要议程。2004 年 5 月，南通、如皋两级农业资源开发部门和沿江农科所达成一致，以当年如皋市国家土地治理增量项目为试点，科技措施交由沿江农科所负责落实，也就是书中所说的科技推广委托制，我被南通市农业资源开发局聘为科技推广首席专家。

之所以能获得如此的信任，是因为此前涉足农业综合开发的工作机缘。

我是1990年7月正式调入沿江农科所工作的，而当年4月已开始参与农科所的部分工作。现在回忆起来很是感慨：正是4—7月这段非正常化的时间，却是我结缘农业开发最关键的起步阶段。这段时间中5月的一天，农科所主要领导委任我去江苏农学院（现扬州大学）签订"沿江高沙土轮耕培肥"项目合同，一同前往的还有如皋农业技术推广中心领导，随后我也直接参与了该项目实施，也因此就成为1991年启动的国家农业开发如皋常青高沙土实验区建设的主要成员。也就是1990年4—7月期间，我引进了大量的早熟类型水稻品种，进行适宜于多熟制后季稻盘育苗抛栽的品种筛选，只有筛选出了理想品种，才可能后续性开展高产栽培研究，因此对当时研究的期望值很高，我的工作压力也很大。通过连续三年时间的系统性攻关，成功地研发出多熟制后季稻盘育苗抛栽高产技术体系，经成果鉴定为"填补了省内空白、达国内领先水平"，获得江苏省农科院科技进步二等奖（1994年），这为高沙土开发与贫瘠土壤治理提供了突破性技术支撑，因而成为高沙土实验区建设的主推技术之一。

我最早全身心地投入农业综合开发工作的，则是在1995—1997年这三年。在推进如皋常青高沙土实验区建设过程中，南通、如皋两级农业开发部门和沿江农科所（技术依托单位）均高度重视。沿江农科所连续委派了3任科技副乡长，南通市农业资源开发局也下派了科技副乡长，长期驻点如皋市常青乡共同参与实验区建设。我是单位委派的第二任科技副乡长，挂职驻点时间是1995年3月至

1997 年 7 月。这段期间的经历，使我对农村实情有了实质性认识，农村工作经验也在实践中不断积累。随后，与农业综合开发的缘分持续不断。2001 年通州国家农业综合开发高新科技示范项目立项时，江苏省农业科学院是技术依托单位，项目负责人指定我来主持承担"应用水稻、小麦计算机模拟决策系统，指导稻麦优质新品种示范和良种繁育"专题任务。2003 年在实施农业综合开发产业化项目"如皋市长江镇'绿沙王'西瓜无公害（绿色食品级）生产基地建设"时，经如皋市农业开发部门推荐，我主持承担该项目科技推广任务。

（二）

正是先期涉足农业综合开发的这段缘分，才使我有了担当起首席专家（注：2004 年南通市科技推广委托制试点工作）这份责任的底气和信心。

"科技推广委托制"的探索，一切都得从零开始，因为当时国家关于此类项目科技措施落实与经费使用并无明确的政策规定，真可谓是"百花齐放"，无成熟经验可鉴。诸如：科技推广合同中需要约定哪些条款？合同签订主体是谁？谁来监督和协调合同履约？经费使用有哪些范围？支出科目应设定怎样的比例？科技经费如何拨付？怎样的票据才算规范、有效？考核指标如何界定？谁来验收把关？科技档案需要哪些材料？实施方案、工作总结包括哪些主要内容？等等，这些问题都需要逐个研究、一一破解。由于农业开发管理部门高度重视、科技推广团队全身心投入、项目实施镇村密切配合，大家群策群力，达到了"工作做实、流程可行、档案规范"的试点要求。有了试点经验，再完善，再提升，再规范，2005 年起扩大到南通市所辖六县（市）所有项目区试行。

关于这段时期的工作，2006 年 8 月 22 日江苏省农业资源开发局编印的《江苏农业综合开发》（总第 217 期），以"南通市农业综合开发科技推广实行科技委托制"为题的专题报道中有这样一段完整描述：

2004 年，在如皋规模开发项目进行了试点，由江苏省沿江地区农科所作为依托单位，实施科技推广工作。2005 年，在总结 2004 年实践基础上，通过反复选择，确定了江苏沿江地区农科所和江苏省农科院蔬菜所作为全市农业综合开发科技推广工作的依托单位。2006 年，在考核总结的基础上，进一步规范科技委托制的管理程序及其工作内容，选择了工作到位、成效显著的江苏沿江地区农科所为南通全市的技术委托单位，体现了择优精神。

江苏省农业资源开发局编印的这期报道，全面推介了科技委托制的做法、成效，分送"国家农业综合开发办公室，省委办公厅、省人大办公厅、省政府办公厅、省政协办公厅、省委农村工作领导小组办公室；省级机关有关部门；各市、县农业资源开发局（办）"。之所以能够得到如此大的重视与影响，是因为我们的探索与创新，适逢国家在农业综合开发科技推广方面政策调整的一个关键节点。2004 年起国家农业综合开发不再单独设立专项科技示范项目，那么原先普遍被忽视的农业综合开发土地治理项目随任务下达到县（市区）科技措施，成为发挥农业综合开发科技效应的关键，也自然成为大家共同聚焦、急需破题的重点，为此国家、省相关部门在我们试点试行期间多次实地调研、现场观摩，也同时给予了我们工作上的指导。按照相关规定，每隔 3 年就要进行一期国家验收考评，也就是农业综合开发工作国家级"大考"和全面性"体检"，恰巧第六期（2013—2015 年）抽查到南通市（地级市的代表）和如皋市（县级市的代表），科技推广这一曾经的"短板、弱项"却成为展示成效的"亮点、强项"，如皋市九华项目区专门布置科技推广的展板和现场，以接收国家检查。2016年9月21日国家验收考评组在如皋项目区进行了包括现场察看、档案查阅、农户走防等形式的全面检查，各项工作均无可挑剔，考评组给出了全国最高分"99分"。

需要特别提及：我们科技推广创新实践的主要做法，被国家出台的《关于加强农业综合开发土地治理项目科技推广费管理工作的指导意见》（国农办〔2006〕13号）所采纳，在全国普及。以国农办〔2006〕13号为依据，江苏省2008年出台了《江苏省农业综合开发土地治理项目科技推广经费管理暂行办法》（苏农开土〔2008〕5号、苏财农发〔2008〕14号），该文件自2008年起一直指导着江苏省的农业综合开发土地治理项目科技推广工作。

社会各界对工作的肯定，给了我们莫大鼓舞。科技推广艰难而有良好的起步，使得这项工作越来越得到重视，也深得社会各界信任，科技推广任务越来越重。农业开发项目区必须年年更换，我们总要面对陌生环境，总要与不熟识的人打交道。与此同时，科技推广的要求在提高，项目管理也越来越严格，则更需要我们在实践中再突破、再创新、再规范。一切终如所愿，持之以恒的努力，有效地构建了农业综合开发科技推广的"南通模式"。2014年5月24日江苏省农业委员会组织专家对南通农业综合开发科技推广模式研制工作进行鉴定，江苏省农科院副院长郑建初研究员任主任、江苏省农业资源开发局张学平副局长和南京农业大学卞新民教授任副主任，共有七位专家组成鉴定委员会，形成了以下结论的鉴定意见：

该成果创建了科技支撑农业综合开发全程控制运作机制，构建了突出"实情实效"的农业综合开发科技推广方法体系，全面用于南通市农业综合开发科技推广项目的实施。在国内首创了以"科技推广项目委托、绩效考评管理、多方联动实施"为主要内容的农业综合开发科技推广新模式，并被采纳到国家《关于加强农业综合开发土地治理项目科技推广费管理工作的指导意见》文件中，在全国推广应用。尤其是"四有要求"科技示范户培植方法、"三个结合"科技推广运行方法、"两个控制"协同推进的管理方法，在南通六县（市区）农业开发项目区全面运用，有效解决了科技推广中的诸多难题，实现了农业综合开发科技推广工作的务实、规范和高效。鉴定委员会一致认为：该成果在农业综合开发推广机制和应用方法上有明显创新，水平居国内领先，对全省乃至全国的农业综合开发科技推广工作具有重要的引领作用。

（三）

总结梳理本书素材时，点点滴滴的过程总是浮现在眼前，有些十多年前发生过的事甚至是微小的细节却历历在目、记忆尤新。持续十三年，踏遍乡村田野，倾心倾力专注农业综合开发科技推广工作，把它珍视为一项事业，一个团队，年复一年，项目编报、实施、验收、结报，接受审计、检查、整改，解释政策、排除异议、处置突发事件……年度间相互交错，工作是相当繁重的。超过 1 千万元、超过 5 万户的农资补贴与信息核准，超过 1000 场次、近20 万人次的培训组织，近 600 个示范方建设与技术咨询，堆积高度超过 6 米的科技档案资料形成，超过 3 千万元资金的结算、报账……尚若没有强烈的责任担当、奉献意识、价值追求和心系三农的朴实情怀，是不可能高要求、高质量、高标准完成任务的。

十三年的农业综合开发科技推广路，是一条充满激情的"追梦"路。平心而论，农业开发科技推广早期阶段，广大农民接触、接受农业知识的渠道是很有限的，但对好品种、好技术的需求是十分迫切的，对于如何种好田、实现增产是极其渴望的。清晰地记得2007 年腊月的一次海安县白甸镇官垛村农民培训课上，一位年近

70 岁的老农民很是期待地拿着刚买回不久的、厚厚的一本水稻栽培科技书，问我能否在书上画画重点。我接过书从头到尾看了一遍，基本上都是些农民无法看懂的内容，品种不对路，技术也不切实际。一个老农"寻宝式"地花了 30 多元买回的书根本用不上，我顿生一种内疚感。这件事对我触动很大，我决心要花精力、下功夫，定位于我们南通及沿江地区产业需求，编写出一套能让农民看得懂、用得上、实用性强的科普图书，并把图书普及与培训课上农民听得懂的"土话"讲解、示范方建设"接地气"式技术服务有机结合，将科普图书视为重要"纽带"，把课堂专题培训与实地咨询服务、示范户培植与示范方建设、重点技术掌握与知识系统理解加以有机串接。十多年来，我为了圆此"梦"想，倾注了大量心血，着力把生产中要解决的问题找对、技术要点讲透、文字表述确切，反反复复，精益求精，最终定稿出版了 14 本科普图书，累计字数近 225 万。

　　十三年的农业综合开发科技推广路，是一条充满艰辛的"创业"路。科技推广面对的是千家万户，所涉及工作环节多。项目区之间，无论是工作基础还是干群素质均有较大差异，因而在具体组织层面和实际推进中，既有意料之中的事，需要预判，采取措施加以规范和控制；也会有意料之外的事，需要面对并处置。例如，科技推广中，生产资料补给谁、如何发？科技培训怎样组织、培训谁？示范方如何划定、怎样建？工作中矛盾如何处理、怎样协调？等等。这些问题稍有疏忽，不仅工作举步维艰，验收考核过不了关，还容易造成干群矛盾，甚者涉嫌造假而违纪。我们亲历过因村组干部决意取消生产资料补助，或是平均分配的个案，经历过生产资料遭哄抢或是相互争吵的事例，更体验到生产资料补助不实或不实签名而多次整改的困苦，还有极其少数的为谋私利而故意刁难设卡……面对如此的艰难，秉承着强烈使命感，从未言弃。培训前反复协调、精心组织，农资发放直接参与并逐一核查；无论是炎热酷暑还是风雪寒冬，常年全天候地奔波在农村田头，开展技术咨询、实地指导；科技资料档案整理不分日夜、加班加点……十三年来，科技推广团队尽管没有得到任何额外奖励绩效与工作补助（曾有几年科技推广出差补贴远远低于相关规定标准），但却毫无怨言地肩负着沉甸甸的担子。十三年的 4700 多个日日夜夜，能够围绕一件事坚持做下去本身就不容易，而要把它做好、做出特色则更不容易。在此，我由衷地感谢南通及所辖县（市区）的市、县两级农业开发系统管理者们，长期以来给予我们的帮助与信任；感谢曾经一度并肩战斗，一直延续着友好合作关系的项目镇农技人员和村组干部，给予我们工作中的配合与支持。也借此，对我们沿江农科所农业综合开发科技推广团队全体人员表现感谢，是大家的共同坚守和凝心聚力，才可能取得有这十三年来的喜人业绩：组织实施项目 490 个，获财政合同经费 3220.65 万元；推广优良品种 132 个；推广先进技术 571 项次，当年度项目区推广累计 118.52 万亩、直接增加收益 19 495.35 万元，建立科技示范方 590 个；开展 1595 个专题科技培训，培训农民 19.679 万人次。

（四）

我一直想把此书写好，反反复复地认真校核项目、地点、面积、人次、资金及其图片等信息，尽力地使这本书的记述，不含任何水分地呈现曾经的原貌、表述过往的经历。

因为它是一段历史的印迹，包含着一群人的艰辛付出与不懈努力。十三年来，大家共同享受过收获之时的喜悦与满足，也忍受过艰难时刻的泪流与痛苦，还共同面对过诸多的不理解甚至冷眼、刁难与诬陷。

　　也因为我想把这本书真诚地献给锐意开拓、蒸蒸日上的南通市农业综合开发事业；献给我们在农业综合开发科技推广道路上，拓路开道的领路者和追随者；献给在为农村发展、农业增效、农民增收创新服务中，追梦、创业途道相遇过的所有"同路人"。

　　当然，还因为我有一种很强烈的寄望，当下现代农业正在掀开崭新的篇章，高标准农田建设的全面推进、新型农业经营主体的快速壮大、美丽乡村建设和田园一体化的不断发展等，使得农业综合开发工程将面临新目标、新要求和新任务，农业科研人也将肩负着新的责任与使命，在科技推广工作中，追梦、创业永远在路上……

刘　建

2017 年 8 月 25 日晚写于

南通·学田中南苑

聘任 刘 建 同志为如皋市 2004 年度国家农业综合开发土地治理增量项目科技推广首席专家。

①

聘任 刘 建 同志为如东、如皋、海安三县(市)2005 年度国家农业综合开发土地治理项目科技推广首席专家。

②

聘任 刘 建 同志为南通市 2005 年度省级高沙土农业综合开发土地治理项目科技推广首席专家。

③

聘任 刘 建 同志为如东、如皋、海安、通州、海门、启东等六县(市)2006 年度国家农业综合开发土地治理项目科技推广首席专家。

④

南通市农业综合开发 06年科技委托 07年项目选项 工作会议

⑤

南通市2007年度农业综合开发科技推广 技术服务委托合同签订仪式

⑥

南通市2007年度国家农业综合开发科技推广实施方案专家评审会

⑦

图版一 科技推广委托制工作模式

①～④作者被南通市农业资源开发局聘任为科技推广首席专家证书；⑤南通市2006年科技委托工作会议；⑥南通市2007年科技推广委托合同签订仪式；⑦南通市2007年科技推广实施方案评审会

图版 II　开展生产调研与技术指导

① 如东县掘港镇（2006 年 7 月 28 日）；② 如东县马塘镇（2007 年 3 月 18 日）；

③ 如东县洋口镇（2006 年 3 月 26 日）；④ 如皋市常青镇（2011 年 7 月 25 日）；

⑤ 海安县墩头镇（20013 年 8 月 18 日）；⑥ 海门市王浩镇（2013 年 10 月 27 日）；

⑦ 如皋市九华镇（2015 年 8 月 6 日）；⑧ 如皋市桃园镇（2015 年 8 月 14 日）

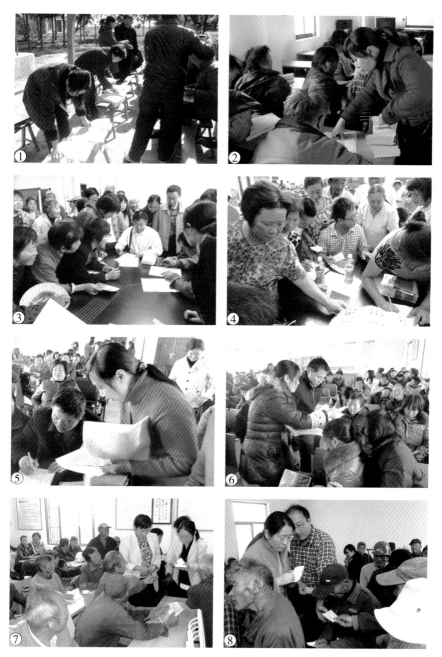

图版Ⅲ 精心组织农民科技培训（两券对接）

① 培训开始前准备技术资料；②～⑥ 凭培训券进行培训签名，领取培训教材；
⑦～⑧ 培训结束后，凭培训券兑换农资券

图版Ⅳ 如皋市和海安县科技培训现场

① 如皋市九华镇科技培训（2005 年 6 月）；② 海安县大公镇科技培训（2007 年 3 月）；③ 如皋市江安镇（省级高沙土开发）科技培训（2007 年 5 月）；④ 如皋市柴湾镇科技培训（2013 年 4 月）；⑤ 如皋市石庄镇（省级高沙土开发）科技培训（2013 年 5 月）；⑥ 如皋市长江镇科技培训（2013 年 8 月）；⑦ 如皋市搬经镇科技培训（2015 年 9 月）；⑧ 海安县南莫镇科技培训（2016 年 6 月）

图版Ⅴ　如东县、通州区、海门市和启东市科技培训现场

① 如东县苴镇科技培训（2007 年 8 月）；② 通州市金沙镇科技培训（2011 年 4 月）；③ 如东县掘港镇科技培训（2011 年 10 月）；④ 如东县河口镇科技培训（2011 年 11 月）；⑤ 启东市吕四镇科技培训（2012 年 8 月）；⑥ 海门市四甲镇科技培训（2013 年 12 月）；⑦ 启东市南阳镇科技培训（2015 年 4 月）；⑧ 海门市四甲镇科技培训（2015 年 10 月）

图版Ⅵ 建立的科技示范方

① 如皋市长江镇项目区示范方；② 如东县大同项目区示范方；③ 如东县园丰项目区示范方；④ 海安县大公镇项目区示范方；⑤ 如东县袁庄镇赵港项目区示范方；⑥ 如皋市常青镇高标准农田建设示范工程科技推广示范区（新华日报记者实地采访）；⑦ 海门市王浩镇项目区：a.千亩高效蔬菜示范园区，b.南通市政府高效农业推进会现场观摩示范园区

图版Ⅶ 科技推广工作形成较大社会影响

① 来自中国农业大学、江苏省农科院、南京农业大学、山东农业大学、湖南省农科院等单位农作制度领域的知名专家，考察如东县掘港镇项目区时与科技推广团队合影（2011年5月）；② 我国耕作栽培学科奠基人刘巽浩教授（左三）在如皋市桃园镇项目区考察稻秸还田小麦全程机械化示范方（2011年5月）；③ 江苏省农业资源开发局张学平副局长等在通州区三余镇项目区检查调研，对科技推广工作给予高度评价（2011年7月）；④ 法国专家考察如皋市如城镇项目区花木产业时与科技推广团队合影（2015年4月）；⑤ 中国农科院油料作物研究所专家在海门市悦来镇项目区考察油菜超高产示范方（2015年4月）；⑥ 中央电视台7频道等媒体记者在海安县大公镇项目区考察，听取科技推广团队科技服务情况介绍（2017年2月）；⑦ 新华日报记者在如皋市常青镇项目区专题调研科技推广工作成效（2011年4月）

图版Ⅶ 科技推广工作取得显著实施成效

① 2014年5月24日，江苏省农业委员会组织有关专家对科技推广工作进行鉴定，江苏省农科院副院长郑建初研究员任主任、江苏省农业资源开发局张学平副局长和南京农业大学卞新民教授为副主任的鉴定委员会一致认为：推广机制和应用方法上有明显创新，水平居国内领先，对全省乃至全国的农业综合开发科技推广工作具有重要的引领作用；②~④ 农业综合开发科技推广获奖证书；⑤ 2010年7月15日，江苏省农业综合开发高标准农田建设现场推进会在如皋市常青镇项目现场观摩科技推广工作：a. 观摩会现场科技推广成效展示，b. 观摩会现场介绍科技推广实施情况